贵州省基础研究计划（科学技术基金）项目（黔科合基础[2020]1Y199）
贵州省教育厅自然科学青年成长项目（黔教合KY字[2018]247）
贵州理工学院高层次人才科研启动经费项目（XJGC20190949）

条状马氏体的断裂行为

龙绍橿／著

中国矿业大学出版社

·徐州·

内 容 提 要

本书全面阐述了条状马氏体钢多层次结构的取向及尺度特征,并阐述了板条马氏体多层次结构对其强度、拉伸塑性、冲击韧性及断裂韧性的控制规律,为高强度、高韧性、高塑性的材料的设计及创制提供了指导。本书的主要内容包括条状马氏体的多层次组织特征、条状马氏体钢的断裂规律及多层次组织对力学性能的控制机制等,同时对强度、塑性、韧性与多层次耦合关系进行了探索。

本书可作为材料科学与工程、材料学、材料成形、材料加工等专业研究生的参考书,也可供从事钢铁研究及新材料设计和开发的科研人员、技术工作者参考。

图书在版编目(C I P)数据

条状马氏体的断裂行为/龙绍槽著. —徐州:中
国矿业大学出版社,2022.8
  ISBN 978 - 7 - 5646 - 5442 - 9

  Ⅰ. ①条… Ⅱ. ①龙… Ⅲ. ①马氏体—断裂—研究
Ⅳ. ①TG113.1

  中国版本图书馆 CIP 数据核字(2022)第 151804 号

书　　名	条状马氏体的断裂行为
著　　者	龙绍槽
责任编辑	耿东锋　　王美柱
出版发行	中国矿业大学出版社有限责任公司
	(江苏省徐州市解放南路　邮编 221008)
营销热线	(0516)83885370　83884103
出版服务	(0516)83995789　83884920
网　　址	http://www.cumtp.com　**E-mail**:cumtpvip@cumtp.com
印　　刷	苏州市古得堡数码印刷有限公司
开　　本	787 mm×1092 mm　1/16　**印张** 9.5　**字数** 243 千字
版次印次	2022 年 8 月第 1 版　2022 年 8 月第 1 次印刷
定　　价	55.00 元

(图书出现印装质量问题,本社负责调换)

前　言

金属材料具有优异的综合力学性能和理化性能,成为近代一个多世纪的主流结构材料,广泛应用于几乎所有工业领域。经过几十年的研究已发展出多种提高金属材料强度的有效途径,但随着材料强度的提高,韧性或塑性急剧下降,材料强度和韧性或塑性相互倒置的关系成为妨碍学科进步和实际应用的巨大障碍和技术瓶颈。

近年来,随着人们对金属材料在不同尺度(纳米、介观、宏观)上的结构设计与制备控制能力的不断提高,多层次、跨尺度的设计理念成了金属材料强韧化的重要途径。在此基础上,出现了纳米材料、层片状材料、梯度材料等一大批高性能材料,并跨学科到了医学、生物学、机械等众多领域。在贵州省"十三五"规划中也明确提出在金属及合金材料发展中,开展微-纳尺度下金属材料及器件的制造关键技术攻关,推进金属材料跨尺度、多层次结构与性能的研究应用等。

组织决定性能,多层次、跨尺度材料的问世,也推动了学者对其与力学性能关系的追求。于是,多尺度、非均匀、多层次复合结构在循环载荷条件下的微观结构演化规律以及变形、损伤与破坏机理及其尺寸效应和多极耦合效应,强度和韧性、塑性协调、同步增强的微观机制,以及实现两者之间关联性可调、可控的方法等一系列关键科学问题应运而生。弄清楚这些关键科学问题,将为设计和制备高强度、高韧性的多尺度、多层次复合结构金属材料提供理论依据。

本书以条状马氏体为研究对象,利用复合参量模型、孔穴扩张比模型等及微观分析,研究条状马氏体钢断裂规律及多层次组织对其力学性能的控制,揭示马氏体多层次结构的影响规律以及条状马氏体钢宏观塑韧性与细观塑韧性的关系及判据,为高强度、高韧性的多尺度、多层次结构材料设计与制备提供理论依据。

在撰写本书过程中,笔者参阅了国内外大量文献,借此机会向所有文献作者表示诚挚的谢意。感谢贵州大学梁益龙教授、杨明副教授等,本书的出版离不开与他们的每一次有益的探讨,同时感谢易艳良博士、卢叶茂博士、尹存红博士等同行的指导和支持。在此,不能一一列举所有曾经提供指导和帮助的同行,深表歉意!

由于笔者水平所限,书中难免有遗漏和不足之处,恳请读者给予批评指正!

著　者

2022 年 4 月

目　录

第 1 章 绪 论

1.1 问题的提出

钢铁行业是国民经济的重要基础产业,对于正在加快工业化进程、全面建设小康社会的中国而言,它仍是推动我国工业化发展的支柱产业,不容忽视。同时钢铁工业在经济建设、社会发展、国防建设及稳定就业等方面发挥着重要作用,不可或缺。所以,钢铁工业被认为是中国实现工业化的支柱产业,是我国工业化的脊梁[1]。

改革开放以来,中国钢铁工业取得了长足发展,已成为世界上最大的钢铁生产和消费国。钢铁工业的蓬勃发展,为我国用钢行业的高速增长提供了有力的原材料保障,为国民经济持续、稳定、健康发展做出了重要贡献,并为推动世界钢铁工业发展做出了巨大贡献。

然而,钢铁工业长期粗放式的发展所积累的矛盾日益突出,如高端产品不足、产业布局不合理、资源不足等,严重制约了我国钢铁产业的发展。随着我国经济及科技的高速发展,各领域对材料性能的要求越来越高,特别是要求结构材料的高强韧性、长疲劳寿命、高的延迟断裂抗力以及应力腐蚀抗力等[2]。

钢铁材料的发展方向是获得高强韧性材料,控制材料的高强韧化是生产中一个非常重要的环节。强韧性性能包含强度、塑性、韧性,这些性能既相互关联又相互矛盾,很难使它们中的某一性能单独发生改变[3]。

钢铁材料的强化形式主要包括位错强化、固溶强化、细晶强化和沉淀弥散强化等,但要同时提高各种强度和韧性或不降低韧性的前提下提高强度只有通过晶粒细化[3-5]。当晶粒尺寸达到 100 nm 尺度以内时,材料的特性将完全不同于粗晶的性能[6-7],其性能将发生质的飞跃。以上思路只是考虑通过细化原奥氏体晶粒来提高强韧性,然而到目前为止,纳米尺度的晶粒在大块的固体金属还难以实现,晶粒尺寸达到 1 μm 的微米级金属材料也是寥寥无几[7]。再者,细晶强化不能引入马氏体相变来进一步强化钢铁材料,不能多相调节,因此不能使钢铁材料同时获得良好的强韧性组合[3]。

众所周知,大多数的高强度钢和超高强度钢都是马氏体组织,但由于马氏体组织具有复杂的多层次结构,加上其复杂的晶体学关系,因此到目前为止,关于马氏体钢组织力学行为的规律仍然存在许多不同的观点。虽然细化晶粒可以同时提高材料的强度和塑性,但对于对强度和塑性起控制作用的有效晶粒尺寸的认识并不是完全清楚的。

近年来,关于材料多层次微观结构与力学性能之间关系,一直是国内外学者关注的话题。自 20 世纪 60 年代以来,大量的研究都试图揭示微观结构与强度、韧性等关系,他们利用经典的 Hall-Petch(霍尔-佩奇)关系、线性拟合等揭示微观结构对力学性能的控制作用。然而,由于分析角度、表征手段等的差异,关于各性能指标的有效晶粒也存在不同的认识,就条状马氏体钢而言,强度、韧性的有效晶粒有原奥氏体晶粒[8-9]、束[10-11]及块[12-16]等。此外,有学者[17-18]利用 EBSD(电子背散射衍射)对裂纹扩展路径进行分析,发现裂纹遇到大角度界面发生偏折,因此认为马氏体束、块是韧性的有效晶粒,但仅仅只针对脆性断裂有效。而对于应变控制的断裂并非如此,我们前期研究认为马氏体板条通过自身的弯曲、旋转及剪切控制塑性材料的韧、塑性[19-20]。因此,关于各性能指标的有效控制单元至今仍无统一定论,众说纷纭。

另外,低、中碳低合金高强度钢经淬火+低温/中温回火处理后,随原奥氏体晶粒粗化,材料的断裂韧性显著提高,而冲击韧性和拉伸塑性降低[21-24],即细观韧性与宏观韧性本末倒置,在 TiAl 基金属间化合物及钛合金中也发现类似现象[25-26]。相反,中高碳钢经淬火+低温/中温回火处理,宏观韧塑性与细观韧塑性随晶粒粗化均降低,变化一致。此外,我们前期在研究 20CrNi2Mo 钢中发现,宏观韧塑性与细观韧塑性随晶粒粗化变化也一致,但均增加[19]。以上结果表明细观韧塑性与宏观韧塑性有时一致,有时不一致,这对韧断裂机制的理解产生了较大的障碍。早在 20 世纪 80 年代,Ritchie 等[25]为解决该问题提出了显微组织特征距离 X_0 的概念,研究发现 X_0 随晶粒的粗化而增加,此时在 X_0 范围内的所有点均达到临界断裂应力或应变较困难,细观韧性增加。对宏观塑韧性,冲击钝缺口前沿、拉伸塑性变形的体积较大,包含的晶粒较多,晶粒粗化时塑性变形区内的晶粒少,导致临界断裂应力降低,冲击韧性、拉伸塑性降低。因此,特征距离 X_0 可以解释细观韧塑性与宏观韧塑性矛盾关系,然而,并没有解决二者同时降低或增强一致性关系。此外,梁益龙等[26]研究发现特征距离 X_0 的物理意义不明确,且特征距离 X_0 也没有阐述其他亚结构的作用。

Hall-Petch 关系是讨论材料强度、韧性等有效晶粒最直接、有效的方法,其源于微观结构中大角度界面对位错滑移的阻碍作用。然而,随着晶粒细化至纳米级或大量小角度界面的出现,位错塞积理论的应用将受到限制,材料的性能指标与纳米晶之间也不再服从 Hall-Petch 关系[27-28],这将给材料性能的有效晶粒判据提出了新的挑战。此外,同一种材料相同类型的、不同尺度的多层次结构,其断裂模式可能是不同的,则 Hall-Petch 关系能否适用是不清楚的。

为了更好地理解多层次结构不同的断裂机制,弄清楚宏观塑韧性和细观塑韧性的一致和矛盾关系,且弥补 Hall-Petch 关系不适用于纳米晶或小角度界面等问题,本研究基于裂纹尖端塑性区提出了一个新的模型讨论材料断裂机制,即复合参量模型(D_i 值)。复合参量模型不受载荷、取向角等条件的限制,只与组织尺寸和塑性变形区或裂尖高应变区的体积比值有关,其为研究塑韧性控制单元及揭示各种断裂模式的规律提供了新思路。

本书重点解决以下问题:

(1)不同碳含量的条状马氏体钢,在不同的加载方式下断裂模式及规律不同,有时为脆断、有时韧断;同时,宏观塑韧性(冲击韧性、拉伸塑性)与细观塑韧性(裂纹韧性、断裂韧性)随晶粒粗化有时变化一致、有时不一致。因此,本书针对这一问题,一方面揭示不同条状马氏体钢力学性能有效晶粒,另一方面为宏观塑韧性与细观塑韧性的关系提供判据。

(2)组织与性能关系一直是众多学者关注的重要问题,对于组织与性能关系的研究也遇到了瓶颈。自 20 世纪六七十年代以来,利用 Hall-Petch 方程一直是组织与性能关系的主要研究方法。但自纳米材料问世,Hall-Petch 方程已不再适用。最近,我们的研究成果显示,相同材料不同组织形态断裂模式不同,则 Hall-Petch 方程也不能满足需求,因此,基于以上问题,需要探索新的方法。本书将对我们研究的复合参量模型进行阐述,为材料组织与性能关系的研究提供新的思路。

1.2 文献综述及国内外研究进展

1.2.1 条状马氏体形态、亚结构及发展现状

钢与铁基合金的马氏体形态有板条状马氏体、蝶状马氏体、片状马氏体、薄板状马氏体及薄片状马氏体。其中,板条马氏体是热处理用钢中分布最广泛的淬火组织。尽管板条马氏体早在1930年就被德国人发现,然而,直到1960年在金相技术中应用透射电子显微镜以来,才明确把板条马氏体作为区别于片状马氏体的独立的一类马氏体。

板条马氏体在低碳、低碳合金及超低碳合金钢中形成,又称低碳马氏体;其形成于200 ℃以上的较高温度,又称高温马氏体;又因其精细(亚)结构主要为高密度位错,其密度高达 $3.0 \times 10^{11} \sim 9.0 \times 10^{11}$ cm^{-2},故又称位错马氏体。但在一些中碳、中碳合金钢甚至某些高碳高合金钢的淬火组织中亦会形成部分此类组织。

马氏体钢由于具备高强韧性,早在数千年前就已被广泛应用。近年来,随着工业化的推进,中低碳钢快速发展,特别是在汽车零部件上,既要减轻重量,又要增加强度,这就需要对中低碳钢的结构和性能进行更深入的研究。

由于板条马氏体强韧性好,迄今为止,各国学者,特别是日本、美国学者对板条马氏体组织构成及晶体学特征进行大量研究和深入分析。Marder[29]首次提出马氏体板条束和马氏体板条块模型,如图 1-1(a)所示。Marder 等[30]在结合前人研究的基础上,提出了低碳马氏体结构,如图 1-1(b)所示。他们认为一个奥氏体晶粒由几个晶区组成,每个晶区由一些排列成束状的单元所分割,这些单元简称为板条束(Lath Packet)。一个晶区内可能由一种板条束或两种板条束组成。我国学者[31]通过光学显微镜研究了 0.2%C-Fe 马氏体组织形态,成条排列的马氏体如图 1-1(c)所示。每条马氏体的宽度不一,一般约为 3 μm。相邻马氏体条状间位向差较小,这些大致平行的马氏体条组成一个马氏体"领域"。一个原奥氏体晶粒被几个领域分开。其中 A、B、C 都是马氏体领域,领域内的 L_1,L_2 等表示板条。

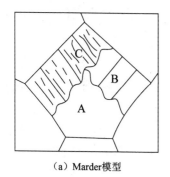

(a) Marder模型

(b) 松田模型

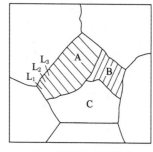

(c) 中国学者早期模型

图 1-1 板条马氏体结构模型

谭玉华等[32]总结了前人的研究,认为(111)面是低碳马氏体的主要惯习面,该惯习面是一个等边三角形,如图 1-2(a)中的 ABC 所示,其三个边都是该等边三角形与另外 3 个 {111}$_\gamma$ 惯习面的交线,这些交线上的马氏体窄条就是在相交惯习面上形成的马氏体片的横截面。图 1-2(b)显示了马氏体的 4 个 {111}$_\gamma$ 惯习面围成的等边四面体 $abdca$,在四个面上都形成了马氏体宽片,当试样磨面平行于 adb 时,就会在三角形内部显示宽片,同时,有由三条相交线形成的马氏体窄片。所以凡是在夹角为 60°或呈等边三角形的马氏体窄片之间观察到马氏体宽片的,都是{111}$_\gamma$ 惯习面板条马氏体结构。

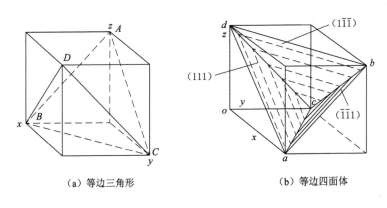

（a）等边三角形　　　　　　　　　（b）等边四面体

图 1-2　{111}$_\gamma$ 惯习面

自 20 世纪 90 年代开始,随着 EBSD 技术的出现,进一步深化了人们板条马氏体微观结构的认识。如 Kelly 等[33]运用 EBSD 技术分析得到马氏体与奥氏体之间满足 Greninger-Troiano(格伦宁格-特赖恩诺,G-T)关系;Schastlivtsev 等[34]运用 EBSD 技术分析,认为 Fe-0.2C 合金钢中马氏体板条块界主要是[011]/60°的界面;Morito 等[16]利用 EBSD 技术分析了一系列 Fe-C 合金中(其中碳含量从 0.002 6%到 0.61%)板条马氏体形态结构与晶体学特征等;还有,Zhang 等[14]利用 EBSD 研究了低碳钢中马氏体取向关系。各研究结果表明:低碳钢板条马氏体具有多尺度结构,原奥氏体晶粒由若干个板条束(Packet)组成,而板条束可以进一步分成板条块(Block),板条块由相同或相近的取向的板条组成,每个板条块也可以再细分为亚板条块(sub-Block),亚板条块由相同取向板(Lath)组成[35,39-43]。

马氏体束,是惯习面晶面指数相同的板条组(因而平行排列)。在一个奥氏体晶粒中,根据特定的晶体学关系 K-S(Kurdjumov-Saches,库尔久莫夫-萨克斯)关系或 N-W(Nishiyama-Wassermann,西山-瓦塞尔曼)关系,可以观察到 $(111)_\gamma//(011)_M$、$(1\overline{1}1)_\gamma//(011)_M$、$(\overline{1}11)_\gamma//(011)_M$ 及 $(11\overline{1})_\gamma//(011)_M$ 分别形成一种马氏体束结构。通常,一个原奥氏体晶粒包含几个马氏体束,一般 3～5 个,马氏体束间以大角度界面分开[35]。

马氏体块,是惯习面晶面指数相同且与母相位向关系相同的板条组。各块间呈大角度,有文献报道该取向角大于原奥氏体晶界、马氏体束界的取向角,约为 60°,即孪晶取向关系[35],该取向角的形成与马氏体的共格切变密切相关,形成孪晶取向界面,大大降低了界面能,利于马氏体相变。

马氏体板条,是板条马氏体中的单晶体,板条的厚度在不同材料中多数集中在 0.15～0.3 μm,板条间的取向差为小角度,即 1°～10°[32]。

低碳板条马氏体的亚结构主要是位错,以缠结位错方式构成位错胞。板条内的位错密度很高,一般为 $10^{10} \sim 10^{11}$ cm^{-2} 数量级[43],其随碳含量的增加而直线增加。对于这种高密度位错的形成,有研究认为马氏体形成时,周围的奥氏体产生变形,形成大量位错,从而使马氏体产生大量位错;也有人认为,板条马氏体中高位错密度可能不直接与相变晶体学相关,而可能是由于板条生长时经历的压制因素所造成的结果,即内部位错可能由协调变形产生[44]。

在低碳马氏体中,普遍存在少量的孪晶亚结构[44-46],该孪晶并非⟨112⟩孪晶,可能属于形变孪晶范畴。其形态有三种,第一种是细密排列的平行孪晶;第二种孪晶呈竹叶状,每片孪晶中间较宽而两头较尖;第三种孪晶起源于板条晶界上,其形状酷似一排装在弹夹内的子弹。前面两种是因孪晶面和膜面交角不同所造成的,当孪晶和膜面正交时条纹最窄;当孪晶和膜面斜交时则条纹变宽。后面一种孪晶是由于相变时马氏体板条间的体积协调应变所造成的形变孪晶[40,44,47],该孪晶的存在可以提高材料的强度,但对韧性作用不明显。

板条间薄膜状分布的残余奥氏体是低碳板条马氏体中残余奥氏体存在的普遍形态[44-45,47],该薄膜的厚度约为 10 nm,具有很强的热稳定性,在液氮下保存 7 个月几乎保持不变。低碳板条马氏体薄膜是相变过程中相邻板条的旋转及变形协调的产物。板条间残奥薄膜的存在显然有利于增加裂纹穿过条界时的塑性撕裂功,可以使裂纹尖端钝化、分叉与转向,还能在外力作用产生马氏体相变,使裂纹前缘局部区域体积增加而形成压应力,从而导致了材料具有较好的冲击韧性、断裂韧性及疲劳性能。

1.2.2 马氏体晶体学位向关系

马氏体相变与奥氏体相变不同,原子不需要扩散,只需要做有规则的微小运动,因此新相与母相之间在转变的过程中保持着切变共格。由于马氏体的特殊转变,所以转变后母相与新相仍保持着一定的位向关系。多数学者认为,马氏体与奥氏体之间存在 K-S 关系、N-W 关系和 G-T 关系等,G-T 关系处于 K-S 关系与 N-W 关系之间,与 K-S 关系相差仅 $1° \sim 2.5°$。K-S 关系与 N-W 关系相差 $5.26°$。

马氏体与奥氏体之间存在 K-S 关系可表示为:$(111)_r // (011)_M$,$[10\bar{1}]_r // [11\bar{1}]_M$,多数低碳钢或 M_s(马氏体形成温度)较高的钢马氏体位向关系满足 K-S 关系[39,48]。在面心立方结构中,存在 4 种不同的 (111) 面,在每一个 (111) 上有三种不同的 ⟨110⟩ 取向,且在 ⟨110⟩ 取向上又有两个不同的取向。所以,在 K-S 关系中存在 24 种不同的变体。N-W 关系表示为:$(111)_r // (011)_M$,$[0\bar{1}1]_r // [100]_M$ 或 $[11\bar{2}]_r // [110]_M$[48-49],常见的为后者,与 K-S 关系不同,在每一个 (111) 面上有三种不同的 ⟨121⟩ 取向,且每个方向只能与马氏体的 $[10\bar{1}]$ 晶向平行。所以,N-W 关系只有 12 种变体,通常在中高碳钢或者在 M_s 较低的材料中出现。

马氏体变体之间存在不同的取向差,有小角度取向,也有大角度取向。为了获得稳定的马氏体相变,必须使马氏体相变形核、长大界面能和体积应变能尽量低,这就导致了钢中的取向界面多为小角度界面或约 $60°$ 的孪晶取向特征,进而反映在马氏体的块和板条的取向及数量上。然而,原奥氏体晶粒和马氏体束界不满足 K-S 关系或 N-W 关系的取向特点。

1.2.3 马氏体形态和多层次组织的影响因素与热处理工艺

1.2.3.1 马氏体形态的影响因素

马氏体形态与尺度的影响因素的研究是钢铁材料热处理基础理论研究的重要部分。我国的贡海、徐祖耀等[50-53]对前人的研究成果进行了综述。通常，马氏体的晶体形态与亚结构没有严格的对应关系，由于它们受控于不同的过程。但是，他们总结发现它们之间在多数条件下存在某种耦合。大多数人认为，不同形态的马氏体性能差异较大，其重要区别在于亚结构。

研究已发现，影响马氏体形态的因素主要有：淬火温度、马氏体的形成温度、奥氏体的强度、碳及合金元素的含量、奥氏体的层错能、M_s 点以上的冷速、加工变形、相变驱动力、大气压力、内应力、磁场等[53]。这些因素分为直接因素和间接因素，其中直接因素包括 M_s 点附近奥氏体的屈服强度和奥氏体的层错能。而其他因素都是通过间接影响奥氏体的屈服强度和奥氏体的层错能来影响马氏体的亚结构。

关于奥氏体强度对马氏体形态的影响，Davies 等[54]利用合金化的方法改变奥氏体的屈服强度，结果表明奥氏体强度是影响马氏体形态的决定因素，即奥氏体强度影响惯习面，惯习面决定马氏体形态。同时，奥氏体强度决定切变方式，从而决定了马氏体的亚结构。通常，当奥氏体强度低于 20 kgf/mm² 时，若形成强的马氏体，则为 $\{225\}_A$ 马氏体，若形成弱的马氏体，则为 $\{111\}_A$ 马氏体，而当奥氏体强度高于 20 kgf/mm² 时，则形成 $\{259\}_A$ 马氏体。此外，若相变过程中的切变只在马氏体内以孪生形式进行，则形成 $\{259\}_A$ 马氏体，亚结构为孪晶；若一部分相变在奥氏体内以滑移方式进行，在马氏体中为孪生，则形成 $\{225\}_A$ 马氏体，亚结构为孪晶。然而，若在马氏体中以滑移方式进行切变，则得到则形成 $\{111\}_A$ 马氏体，亚结构为位错。Carr 等[55]的研究中也得到了类似的结论。

奥氏体层错能也是影响马氏体形貌的重要因素，Kelly 和 Kaufman 等[55-58]研究发现奥氏体层错能是通过控制位错的交滑移来控制马氏体相变滑移特征的：在地层错能的材料中，$(111)[1\bar{2}1]_A$ 滑移系是有效的，于是形成了片状马氏体；而在高层错能合金中，$(110)[1\bar{1}0]_A$ 滑移系是有效的，于是形成了板条马氏体。也就是说随着层错能的降低，马氏体形态由片状向板条马氏体转变。同时，合金元素对层错能的影响是非常明显的，当合金元素含量不大时，随合金元素浓度的增加，奥氏体层错能降低，随后随合金元素的增加，层错能又快速增加[59]。

马氏体形成温度 M_s 是其他影响因素的综合体现，如合金化学成分、碳含量、淬火温度、淬火冷速及相变驱动力等[48,56,58]。因为这些因素直接决定了马氏体相变时所出现的体积应变能和界面能大小，进而影响了马氏体形核和长大及相变机制，最终决定了马氏体的类型和形态。据报道，当 M_s 低于 300 ℃时，易形成片状马氏体；而当 M_s 高于 300 ℃时，易形成板条马氏体。影响 M_s 的因素主要有以下几种：

（1）化学成分。奥氏体中碳含量是影响 M_s 主要因素，通常在 Fe-C 合金中，碳含量每增加 1%，M_s 降低 320 ℃。而对于大多数合金元素，除了 Co、Al 外，其他均降低 M_s 点，虽然合金元素对 M_s 点的影响小于碳元素，但合金钢钢中的这些合金元素的作用不容忽视，且促进了碳的作用。因为一方面这些元素在奥氏体中起到弥散强化的作用，能提高奥氏体的强度；另一方面，较高的合金元素含量能提高奥氏体的层错能[53]。

（2）相变驱动力。通常随着相变驱动力的增加，易导致片状马氏体的形成，这是由于相变驱动力的增加，导致 M_s 降低。在 Fe-C 合金引起相变的临界驱动力为 1 317.96 J/mol，对铁镍合金其值为 1 255.2～1 548.08 J/mol[33]。

(3)临界分切应力。Thomas 等[60-61]认为,马氏体亚结构由相变时的滑移和孪生两种塑性变形方式决定:进行滑移时形成位错亚结构,进行孪生是形成孪晶亚结构,这与前面提到的奥氏体强度对马氏体亚结构的影响不谋而合。而切变应力较大时,M_s 低,则以孪生方式协调相变时的塑性变形,形成孪晶亚结构。

(4)奥氏体化温度。奥氏体化温度对 M_s 点的影响与晶粒度对 M_s 点的影响类似,其结果比较混乱。多数研究表明,降低奥氏体化温度,则 M_s 点降低,其主要取决于奥氏体的强度,随奥氏体化温度的升高,奥氏体强度逐渐降低,M_s 点升高,容易得到板条马氏体,解念锁等[62-63]在研究高碳钢中得到了类似的结果。然而,也有研究表明试验钢经高温快速淬火,母相因受空位和位错的交互作用强化,温度越高空位浓度越大,强化也就越明显,从而降低 M_s 点[51],我们的研究也得到相似的结论。

(5)淬火冷却速度。工业上一般淬火的冷却速度对 M_s 点几乎没有影响,而当在淬火冷速较高时,M_s 点才会发生明显变化。也就是说,M_s 点随淬火冷却速度呈"S"形曲线变化,其主要取决于"碳气团"的影响[63]。在奥氏体中碳的分布状态很不均匀,易在缺陷处(主要是位错)发生偏聚,形成气团,这些气团的形成可以对奥氏体起到强化作用。在正常条件下,这个碳气团的尺寸比较大,所以 M_s 点较低,随着淬火速度的增加,碳气团的形成被抑制,所以 M_s 点逐渐增加,当较大冷速导致碳气团不能形成时,则 M_s 点稳定在一个较高的值[63-64]。然而,对于马氏体形态,在高碳钢中由{225}$_A$ 马氏体转变成{259}$_A$ 马氏体;低碳钢中出现了{225}$_A$ 马氏体,这主要取决于剪切转变时所进行的形变模式。

(6)形变与应力。通常,单向拉伸、单向压缩等导致惯习面上的分切应力增加,提供了部分相变驱动力,使得 M_s 点升高,而三向压缩则降低 M_s 点。总的来说,板条马氏体的形成,依赖剪切转变时所进行的形变模式。

1.2.3.2 板条马氏体多层次组织的关系

前面已经提及马氏体多层次结构包括原奥氏体晶粒、马氏体束、块及板条,大量的研究[15,29,65-67]揭示了多层次组织间的关系:不同的低碳合金钢中,马氏体的束、块结构随原奥氏体晶粒的粗化而明显增加,可能的原因是在原奥氏体晶界上存在很多有利位置,易于马氏体板条形成,当马氏体板条在晶界上形成后,具有相同变体的板条很快形成板条块;当一个块形成后,为了协调相变时的应变,其他具有不同变体的块结构迅速在相邻的且已经存在的块之间形成,从而构成马氏体束结构。虽然马氏体束能够快速长大,但在较大晶粒中大多数时间用于形成马氏体束。然而,随着晶粒的细化,该区域是变小的,束、块结构也随之变小[15]。

对于马氏体板条,徐祖耀[67]认为马氏体板条与原奥氏体晶粒大小无关,而是取决于马氏体的形核率,形核率越高,条块越窄。而晶粒细化,使强度提高,增加相变的驱动力。同时,合金成分的改变大大影响了马氏体的形核率,如一些研究发现钢中加入稀土元素可使条块变窄[68-71],其可能原因是稀土元素降低了母相的层错能,提高了马氏体的应变能或降低马-奥之间的界面能。

在钢中,热处理体系对钢组织的影响是非常明显的。为了获得不同尺度的马氏体多层次组织,通常采用的热处理体系有:不同淬火温度、不同淬火冷速、形变热处理、外加磁场、机械合金化(或机械碾磨)、超细粒子烧结,以及非晶晶体化等[18]。

（1）淬火温度:淬火温度是钢热处理基本工艺参数,决定加热后金属内部的组织结构及各相成分。解念锁等[62]研究了淬火温度对几种钢中马氏体组织形态的影响,发现淬火温度越高,获得板条马氏体的数量越多,若淬火温度超过某定值,中、高碳钢均可得到全部板条马氏体组织。他们认为淬火温度升高,晶粒越粗大,M_s 点升高,奥氏体在 M_s 点的屈服强度降低,使滑移分切应力降低,有利于形成板条马氏体。刘玉荣[72]对自主设计的新型超级马氏体不锈钢进行研究发现:随着淬火温度升高,板条马氏体逐渐粗化。贡海[36]在一些低碳钢和马氏体时效钢中发现,随着淬火温度提高,板条束宽、原奥氏体晶粒尺寸及板条块尺寸均增大,而板条宽度几乎不受淬火温度影响,Wang 等[66,73-74]也得到类似的结果。文献[74-75]发现提高淬火温度促进了奥氏体的均匀化,使碳原子在奥氏体中位错线上偏聚倾向减少,不但降低了奥氏体的切变强度,也减少了局部高碳区域形成片状马氏体的可能。此外,提高淬火温度,可以使部分碳化物溶解,一定程度上提高了马氏体的形核率[76-78]。

（2）淬火冷速:通常控制淬火温度不变,改变淬火冷却速度,也能得到马氏体的多层次组织,但原奥氏体晶粒尺寸保持不变。随冷却速度的增加,马氏体束、块结构逐渐减少[79]。但关于冷速对马氏体板条影响的研究不多,Luo 等[18]在较低的淬火冷速下发现板条随冷速的变化不明显。前面已经谈到,而在较大冷速下,改变 M_s 也改变马氏体的形态。具体来说,钢经 13 200 ℃/s 淬火后主要得到条状和片状混合马氏体;当冷速增至 17 050 ℃/s 时几乎全部为片状马氏体和残留奥氏体;当冷速增至 20 900 ℃/s 时组织为较细片状马氏体和残留奥氏体;当冷速在 13 200～17 600 ℃/s 之间时,得到表层片状马氏体而心部条状马氏体[36,51,63]。易艳良等[50]研究发现增大冷速的作用在于过冷抑制板条马氏体的形成,促进生成孪晶马氏体,板条中的局部孪晶区也增多,当过冷至较低温度时,奥氏体强度增加,促进片状马氏体形成。

（3）形变热处理:形变热处理是将压力加工和热处理相结合,对金属材料实施相变强化和形变强化相结合的综合方式。在板条马氏体钢中,形变热处理是钢强韧化的重要方式,而性能的优化正是源于形变对马氏体多层次组织的影响。对于形变热处理法,形变加工的作用大致有两种,一种是对相变前产物的形变加工,增大形核速率,起细化相变产物的作用。目前低碳钢的控制轧制就是利用这种作用的实例。另一种是对相变后产物的形变加工,随后通过退火,使之发生回复,再结晶,以细化组织。此外,还有近年来盛行的大变形量加工,是使组织分割断裂和细碎化的物理超细化法。

Moon 等[80]在研究高强度低合金钢焊接粗晶热影响区的微观结构时,发现原奥氏体晶粒、束及板条由于变形而明显细化,这是由于马氏体长大因变形而被抑制以及变形增加了马氏体的形核位置,从而细化了马氏体。宁保群等[81]通过对 T91 钢在再结晶区进行形变处理,结果表明,马氏体板条变得均匀细化,同时产生弯曲,这主要源于马氏体异相形核作用。用 18Ni 钢所做的研究中,增加形变热处理的变形量,马氏体束尺寸粗化,而块细化;而在合金钢中与之不同,马氏体束、块均细化[37]。Kaijalainen 等[9]也发现,随着形变量的增加,马氏体板条逐渐减小。刘永长等[82]也提出了一种细化马氏体板条的方法,以 5 ℃/s 加热至 1 100～1 200 ℃,保温 10 min;然后,以 5 ℃/s 冷却至 1 100～900 ℃,保温 2 min,以变形速率为 0.1～1 s^{-1} 进行压缩变形,变形量为 40%～70%,变形完成后直接空冷至室温,其马氏体板条细化到 140～180 nm,钢的综合性能也可以得到提高。

此外,外加磁场由于影响马氏体的形核,也能够细化马氏体板条[83-84]。

1.2.4　马氏体多层次组织与性能的关系

1.2.4.1　马氏体多层次组织对强度的影响

众所周知,强度就是材料对塑性变形和断裂的抵抗能力。从根本上来说,材料的强度源于原子间的结合力,而对于一个理想晶体,在外力作用下沿一定的晶面和晶向产生滑移,此时材料的理论切变强度约为切变模量的 $1/30 \sim 1/10$,但材料的实际强度远低于此。到 20 世纪 30 年代,位错理论的提出解决了这一问题[85]。

当前,对于众多工程材料的强化,向晶体中引入大量的缺陷,如位错、点缺陷、异类原子、晶界及弥散分布的质点等,这些缺陷强烈阻碍位错运动,成为当前提高材料强度的有效途径。具体的方法有位错强化、固溶强化、晶界强化和沉淀弥散强化等,这些强化方式都离不开位错,其目的都是阻止位错的运动。而经典的 Hall-Petch 关系正是来源于位错塞积理论,所以材料的强度主要由四种基本强化机制的复合作用叠加而成,根据扩展的 Hall-Petch 关系[5,17,73,75],屈服强度与各强化方式之间的关系为:

$$\sigma_y = \sigma_0 + \Delta\sigma_{ss} + \Delta\sigma_d + \Delta\sigma_\rho + K \cdot d^{-1/2} \tag{1-1}$$

式中,σ_0 表示晶格阻力;$\Delta\sigma_{ss}$ 为固溶强化增量;$\Delta\sigma_d$ 为位错强化增量;$\Delta\sigma_\rho$ 为沉淀强化增量;$K \cdot d^{-1/2}$ 为细晶强化增量,K 为常数,对低碳钢而言为 17.4 MPa $\cdot$ mm$^{1/2}$,d 为平均晶粒尺寸。

自 20 世纪六七十年代至今,大量的研究都试图建立马氏体多层次组织与强度之间的关系。通常,在板条马氏体钢中细化晶粒可以提高材料的强度及塑韧性,因此很长一段时间大家都认为原奥氏体晶粒是屈服强度的有效控制单元,如 Krauss[8] 研究了几种低合金马氏体钢并总结大量的文献数据后讨论了原奥氏体晶粒尺寸与屈服强度之间的关系。Roberts[10] 对 8650 钢、4340 钢和 4130 钢进行原奥氏体晶粒尺寸与屈服强度关系研究,均发现且晶粒尺寸与屈服强度满足 Hall-Petch 关系。这是因为原奥氏体晶粒大小控制部分马氏体内亚结构尺寸,而马氏体内亚结构的大小影响淬火钢的强度[86]。

随后,由于原奥氏体晶粒下的马氏体束被观察到,一些学者又把矛头指向了马氏体束。如 1970 年,Roberts[10] 在 Fe-Mn 合金（0.003％C-4.9％Mn）研究中揭示了马氏体束结构与屈服强度满足 Hall-Petch 关系;接着,Swarr 等[11]、Norstrom[87] 及 Tomita 等[12] 在不同的材料研究中也得到了类似的结果,他们认为马氏体束是强度的控制单元。

近来,随着 EBSD 背散射技术的崛起及广泛使用,第三层次组织——马氏体块结构被观察,其尺度远小于束结构。Morito 等[5,65] 利用 EBSD 及 Hall-Petch 关系讨论发现,马氏体块结构是强度的有效控制单元。此后,一系列的研究成果都体现了马氏体块对强度的控制作用,如王蒲等[78] 研究 22SiMn2TiB 合金发现 22SiMn2TiB 合金的硬度与板条块尺寸呈 Hall-Petch 关系。因此,他们认为板条块的细化是形变马氏体强度的控制单元。王春芳等[88] 研究发现,17CrNiMo6 板条马氏体钢的屈服强度与原奥氏体晶粒尺寸、板条束宽和板条宽尺寸均遵循 Hall-Petch 关系。由于板条块界和板条束界均为大角度晶界,且板条块尺寸比板条束尺寸小,因此,他们认为板条块为控制马氏体钢强度的有效晶粒。

综上所述,根据位错塞积理论,由于原奥氏体晶界、束及块界均属于大角度界面,其对位错具有强烈的阻碍作用,所以它们可以作为强度的有效晶粒。而马氏体板条为小角度取向,对强度贡献不大。

1.2.4.2 马氏体多层次组织对韧性的影响

韧性可以用于评价材料在塑性变形和断裂全过程中吸收能量的能力,是强度和塑性的综合表现,其包括冲击韧性和断裂韧性等,即宏观韧性和细观韧性。一直以来,很多人[89-94]都认为细化晶粒能够提高材料的韧性指标,因为裂纹尖端塑性区尺寸增加。但也有人发现,随着原奥氏体晶粒的粗化,其韧性指标也是增加的[95-96]。很多研究者对于韧性的有效控制单元也进行大量的探索。例如,Kaijalainen 等[9]研究了在直接淬火下原奥氏体晶粒尺寸对强度和韧性的影响,认为原奥氏体晶粒为强韧性的控制单元。1970 年,Roberts[10]在 Fe-Mn合金(0.003%C-4.9%Mn)研究中发现,韧脆转变温度的变化与 Mn 含量关系不大,反而深受转变后的亚结构和转变相尺寸的影响,最终认为马氏体束是强韧性的有效晶粒。Wang等[66]对 17CrNiMo6 板条马氏体钢进行淬火低温回火后发现,韧性随组织的细化而提高,在裂纹扩展过程中发现准解理裂纹扩展过程中在板条块界和板条束界上均发生转折。当裂纹遇束界时,扩展中止且发生较大方向的转折后继续传播,这是因为板条束界的晶体学取向差比板条块界更大,因此裂纹需要更多的能量然后才能穿过板条束界。另外,他们对冲击试样的断口进行定量统计分析,得知准解理面尺寸与板条束尺寸相近。因此,他们认为板条束尺寸为控制韧性的有效晶粒尺寸。董瀚等[97]及 Tomita 等[12]分别利用 Griffith(格里菲斯)公式和 Hall-Petch 方程建立了马氏体板条束与韧性的关系,也得到了类似的结论。

罗志俊等[15]定量分析了低碳 NiCrMoV 钢板条亚结构与韧性的关系,发现随着板条束宽和板条块尺寸的减小,马氏体钢的韧性增大,还发现板条束界和板条块界都对裂纹扩展有阻碍作用。此外,板条束宽和板条块尺寸与冲击韧性均遵循 Hall-Petch 关系,板条块的Hall-Petch 关系的斜率大于板条束的,并且板条块的尺寸远小于板条束宽,因此,他们认为板条块尺寸是板条马氏体韧性的"有效晶粒尺寸"。同时,沈俊昶等[98]通过晶体学、亚单元对性能的定量影响规律、解理裂纹扩展路径的实际观察等分别研究控制低温韧性的有效晶粒尺寸,也发现块是韧性的有效控制单元。

前面已经提到,马氏体板条为单晶结构,其界面是小角度界面,不受奥氏体晶粒的影响,且对强度贡献不大。然而,Naylor[99]在 0.065C-0.97Mn-2.32Cr-0.83N-i 0.19Mo-0.31Si 钢研究中发现,随着领域(马氏体束)和条宽的共同减小,脆性转折温度显著下降,表明了板条对韧性存在较大影响。徐祖耀等[51,67,70]在超高强度钢的设计中,发现 0.485C-1.195Mn-1.185Si-0.98Ni-0.21Nb(wt%)钢经 Q-P-T(淬火-碳分配-回火)热处理后,其马氏体条宽仅几十纳米,比一般钢中条宽低一个数量级,条细化也将使钢的韧性大为提高。

此外,对比前面的分析,对韧性的研究主要集中于脆性断裂,而脆性断裂受大角度界面的影响较大,但对于塑性断裂的有效晶粒报道较少,我们前期工作,对塑性断裂中韧性的有效控制单元进行了探讨,发现板条对韧性起到控制作用。

1.2.4.3 马氏体多层次组织对塑性的影响

当前,关于材料塑性的研究主要集中在塑性变形工艺和机制上,如 Michiuchi 等[100]、Nambu 等[101]揭示了界面滑移机制对板条马氏体钢的塑性变形具有重要影响;大量研究[102-105]表明稳定的残余奥氏体薄膜对塑性起到重要作用;Yan 等[106]、Morsdorf 等[107]也发现塑性变形过程中,板条马氏体亚结构界面存在界面滑移。然而,关于材料宏观塑性有效控制单元的研究很少。

1.3 研究内容与研究方法

本书以条状马氏体钢为研究对象,通过试验方法及相关模型,深入分析马氏体多层次组织对材料强、韧、塑性的影响机制,找到各性能指标的有效控制单元。通过复合参量与 Hall-Petch 方程及断裂力学参量关系,拉伸静力韧度中的非均匀功比能、冲击韧性的裂纹扩展功与断裂力学参量的关系建立这类钢的多层次组织复合参量与韧性、塑性指标的相对耦合关系模型,并进行验证。从而实现通过控制其多层次组织参量来显著提高强韧塑性能,为新材料的设计提供新方法和捷径。

1.3.1 研究内容

(1)条状马氏体的组织调控

本书以 20CrNi2Mo 低碳板条马氏体钢为研究对象,通过不同的淬火温度对不同尺度的板条马氏体进行调控,并对其取向、尺度进行定量分析。此外,借鉴文献研究成果,对 30CrMnSiA 及 52CrMoV4 的断裂行为进行讨论。

(2)条状马氏体钢不同加载条件下的断裂行为研究

本研究对以上热处理的马氏体钢进行静拉伸、冲击测试及断裂韧性测试,体现不同加载条件。利用 SEM(扫描电子显微镜)、EBSD 等测试手段对试验钢不同测试条件下的裂纹扩展、断口等进行分析;利用 Hall-Petch 方程、断裂模式对试验钢的有效晶粒及宏观塑韧性和细观塑韧性的相关性进行研究。

(3)判据的建立

研究不同条状马氏体钢不同加载条件下裂尖有效变形体积的特点及与多层次组织的关系;根据以上断裂行为的分析,并结合试验钢在不同加载条件下的断裂模式,对裂尖有效变形体积进行定义和理解,并定量分析。

(4)复合参量模型在不同断裂模式、不同加载条件下的应用分析

结合前面的多层次组织的分析及有效变形体积定义,利用复合参量模型对不同断裂模式、不同加载条件下的断裂行为进行讨论,分析不同断裂模式、不同加载条件下 D_i 特点,并与条状马氏体钢的断裂规律进行对比。

1.3.2 研究方法

本书根据试验结果,借助空穴比模型、断裂力学及复合参量模型,根据拉伸静力韧度中的非均匀功比能、冲击韧性的裂纹扩展功与断裂力学参量的关系,结合各测试条件下的力学相关性,建立拉伸静力韧度、冲击韧度与平面应变断裂韧性的关系定量模型;再根据提出的多层次组织复合参量 D_i 值模型与临界形核扩张比模型,建立多层次组织复合参量与韧塑性指标的关系模型,并进行验证。

参 考 文 献

[1] 李维芳.我国钢铁行业现状分析与发展方向探索[J].经济问题探索,2004(12):27-30.

［2］徐磊.我国钢铁行业现状与发展策略分析［D］.济南:山东大学,2012.

［3］邓灿明.低碳马氏体钢强韧性晶粒控制单元的研究［D］.昆明:昆明理工大学,2013.

［4］MORRIS J W. Microstructure/property relations in lath martensitic steels［J］. Baosteel technical research,2010,4(S1):30.

［5］YUAN X H,YANG M S,ZHAO K Y. Effects of microstructure transformation on strengthening and toughening for heat-treated low carbon martensite stainless bearing steel［J］. Materials science forum,2015,817:667-674.

［6］OKAYASU M,SATO K,MIZUNO M,et al. Fatigue properties of ultra-fine grained dual phase ferrite/martensite low carbon steel［J］. International journal of fatigue, 2008,30(8):1358-1365.

［7］翁宇庆.超细晶钢:钢的组织细化理论与控制技术［M］.北京:冶金工业出版社,2003.

［8］KRAUSS G. Martensite in steel:strength and structure［J］. Materials science and engineering:A,1999,273/274/275:40-57.

［9］KAIJALAINEN A J,SUIKKANEN P P,LIMNELL T J,et al. Effect of austenite grain structure on the strength and toughness of direct-quenched martensite［J］. Journal of alloys and compounds,2013,577(S1):S642-S648.

［10］ROBERTS M J. Effect of transformation substructure on the strength and toughness of Fe-Mn alloys［J］. Metallurgical transactions,1970,1:3287-3294.

［11］SWARR T,KRAUSS G. The effect of structure on the deformation of as-quenched and tempered martensite in an Fe-0. 2 pct C alloy［J］. Metallurgical transactions A, 1976,7(1):41-48.

［12］TOMITA Y,OKABAYASHI K. Effect of microstructure on strength and toughness of heat-treated low alloy structural steels［J］. Metallurgical transactions A,1986, 17(7):1203-1209.

［13］LI S C,ZHU G M,KANG Y L. Effect of substructure on mechanical properties and fracture behavior of lath martensite in 0. 1C-1. 1Si-1. 7Mn steel［J］. Journal of alloys and compounds,2016,675:104-115.

［14］ZHANG C Y,WANG Q F,REN J X,et al. Effect of martensitic morphology on mechanical properties of an as-quenched and tempered 25CrMo48V steel［J］. Materials science and engineering:A,2012,534:339-346.

［15］罗志俊,王丽萍,王猛,等.板条 M/B 组织对低碳马氏体钢强韧性的影响［J］.材料热处理学报,2012,33(2):85-91.

［16］MORITO S,YOSHIDA H,MAKI T,et al. Effect of block size on the strength of lath martensite in low carbon steels［J］. Materials science and engineering:A,2006, 438/439/440:237-240.

［17］TAKAHASHI A,IINO M. Improvement of yield strength-transition temperature balance by microstructural refinement［J］. ISIJ international,1996,36(3):341-346.

［18］LUO Z J,SHEN J C,SU H,et al. Effect of substructure on toughness of lath martensite/bainite mixed structure in low-carbon steels［J］. Journal of iron and steel research international,2010,17:40-48.

[19] LONG S L,LIANG Y L,JIANG Y,et al. Effect of quenching temperature on martensite multi-level microstructures and properties of strength and toughness in 20CrNi$_2$Mo steel[J]. Materials science and engineering,2016,676:38-47.

[20] LIANG Y,LONG S,XU P,et al. The important role of martensite laths to fracture toughness for the ductile fracture controlled by the strain in EA4T axle steel[J]. Materials science and engineering,2017,695:154-164.

[21] RITCHIE R O,FRANCIS B,SERVER W L. Evaluation of toughness in AISI 4340 alloy steel austenitized at low and high temperatures[J]. Metallurgical transactions A,1976,7:831-838.

[22] RITCHIE R O, HORN R M. Further considerations on the inconsistency in toughness evaluation of AISI 4340 steel austenitized at increasing temperatures[J]. Metallurgical transactions A,1978,9:331-341.

[23] 周科朝,黄伯云,曲选辉,等. TiAl 基金属间化合物的显微组织与断裂韧性[J]. 中国有色金属学报. 1996,6(3):111-114.

[24] CAO R,CHEN J H,ZHANG J,et al. Relationship between tensile properties and fracture toughness in room temperature of γ-tial alloys[J]. Materials for mechanical engineering,2005,4:639-652.

[25] RITCHIE R O,KNOTT J F,RICE J R. On the relationship between critical tensile stress and fracture toughness in mild steel[J]. Journal of the mechanics and physics of solids,1973,21(6):395-410.

[26] 梁益龙,雷旻,钟蜀辉,等. 板条马氏体钢的断裂韧性与缺口韧性、拉伸塑性的关系[J]. 金属学报,1998,34(9):950-958.

[27] 邹章雄,项金钟,许思勇. Hall-Petch 关系的理论推导及其适用范围讨论[J]. 物理测试,2012,30(6):13-17.

[28] KATO M. Hall-Petch relationship and dislocation model for deformation of ultrafine-grained and nanocrystalline metals[J]. Materials transactions,2014,55(1):19-24.

[29] MARDER J M. The morphology of iron-nickel massive martensite[J]. Transactions of American society for metals,1969,62:1-10.

[30] MARDER A R,KRAUSS G. The formation of low-carbon martensite in Fe-C alloys [J]. Transactions of American society for metals,1969,62(4):957-963.

[31] 佚名. 钢中马氏体的形态、性质及其应用[J]. 江苏机械,1976,5(2):1-31.

[32] 谭玉华,马跃新. 马氏体新形态学[M]. 北京:冶金工业出版社,2013.

[33] KELLY P M,JOSTSONS A,BLAKE R G. The orientation relationship between lath martensite and austenite in low carbon,low alloy steels[J]. Acta metallurgica et materialia,1990,38(6):1075-1081.

[34] SCHASTLIVTSEV V M, BLIND L B, RODIONOV D P, et al. Structure of martensite packets in engineering steels[J]. Physics of metals and metallography, 1988,66(4):123-133.

[35] 徐洲,门学勇,姚忠凯.板条状马氏体组织的金相方法研究[J].冶金分析与测试(冶金物理测试分册),1984,2(6):16,30-32.

[36] 贡海.板条马氏体研究的新进展[J].金属热处理,1982,7(3):1-13.

[37] HSU T Y,XU Z Y. Design of structure,composition and heat treatment process for high strength steel[J]. Materials science forum, 2007, 561/562/563/564/565: 2283-2286.

[38] MAKI T,TSUZAKI K,TAMURA I. The morphology of microstructure composed of lath martensite in steels[J]. Transactions ISIJ,1980,20:207-214.

[39] KITAHARA H,UEJI R,TSUJI N,et al. Crystallographic features of lath martensite in low-carbon steel[J]. Acta materialia,2006,54(5):1279-1288.

[40] SANDVIK B P J,WAYMAN C M. Characteristics of lath martensite:part Ⅰ. Crystallographic and substructural features[J]. Metallurgical transactions A,1983, 14(4):809-822.

[41] SANDVIK B P J,WAYMAN C M. Characteristics of lath martensite:part Ⅱ. The martensite-austenite interface[J]. Metallurgical transactions A,1983,14(4):823-834.

[42] SANDVIK B P J,WAYMAN C M. Characteristics of lath martensite:part Ⅲ. Some theoretical considerations[J]. Metallurgical transactions A,1983,14(4):835-844.

[43] SARIKAYA M,STEEDS J W,THOMAS G. Lattice parameter measurement in retained austenite by CBED[C]//Proceedings of Electron Microscopy Society of America Annual Meeting,Phoenix,1983.

[44] 黎永钧.低碳马氏体的组织结构及强韧化机理[J].材料科学与工程,1987,5(1):22, 39-47.

[45] 齐靖远,黎永钧,周惠久.淬火态低碳板条马氏体中的残余奥氏体、孪晶亚结构与自回火碳化物[J].金属热处理学报,1984,5(1):42-51.

[46] 谈育煦.低碳马氏体钢的透射电镜分析[J].金属学报,1985,21(3):7-12,145-148.

[47] 齐靖远.低碳马氏体板条间的薄膜状残余奥氏体[C]//第三次中国电子显微学会议论文摘要集(二),1983.

[48] 王瑞军,赵素英,张礼刚,等.马氏体相变的取向关系及变体[J].河北师范大学学报(自然科学版),2009,33(4):482-484.

[49] SUIKKANEN P P,CAYRON C,DEARDO A J,et al. Crystallographic analysis of martensite in 0. 2C-2. 0Mn-1. 5Si-0. 6Cr steel using EBSD[J]. Journal of materials science and technology,2011,27(10):920-930.

[50] 易艳良.高强度钢"多层次"组织结构对力学性能影响的研究[D].贵阳:贵州大学,2015.

[51] 徐祖耀.马氏体相变与马氏体[M].2版.北京:科学出版社,1999.

[52] 王仁东.影响马氏体形态的因素[J].物理测试,1987,5(6):19-23,58.

[53] 贡海.马氏体及其形态控制因素[J].金属热处理,1981,6(1):10-22.

[54] DAVIES R G,MAGEE C L. Influence of austenite and martensite strength on martensite morphology[J]. Metallurgical transactions,1971,2(7):1939-1947.

[55] CARR M J,STRIFE J R,ANSELL G S. An investigation of the effects of austenite strength and austenite stacking fault energy on the morphology of martensite in Fe-Ni-Cr-0. 3C alloys[J]. Metallurgical transactions A,1978,9(6):857-864.

[56] KELLY P M,NUTTING J. The martensite transformation in carbon steels[J]. Mathematical and physical sciences,1961,259(1296):45-58.

[57] BREEDIS J F,KAUFMAN L. The formation of HCP and BCC phases in austenitic iron alloys[J]. Metallurgical transactions,1971,2(9):2359-2371.

[58] PARASYUK P. Structure and properties of iron-manganese alloys[J]. Metal science and heat treatment,1975,17(7):635-636.

[59] CHARNOCK W,NUTTING J. The effect of carbon and nickel upon the stacking-fault energy of iron[J]. Metal science journal,1967,1(1):123-127.

[60] THOMAS G,VERCAEMER C. Enhanced strengthening of a spinodal Fe-Ni-Cu alloy by martensitic transformation[J]. Metallurgical transactions,1972,3(9):2501-2506.

[61] THOMAS G,RAO B. Morphology,crystallography and formation of dislocated(lath) martensites in steels[R]. Berkeley:Lawrence Berkeley National Laboratory,1977.

[62] 解念锁,陈尚平,贺志荣. 奥氏体化温度对钢中马氏体组织形态的影响[J]. 陕西理工学院学报(自然科学版),1996,12(2):10-14.

[63] ANSELL G S,DONACHIE S J,MESSLER R W. The effect of quench rate on the martensitic transformation in Fe-C alloys[J]. Metallurgical transactions,1971,2(9):2443-2449.

[64] DONACHIE S J,ANSELL G S. The effect of quench rate on the properties and morphology of ferrous martensite[J]. Metallurgical transactions A,1975,6(10):1863-1875.

[65] MORITO S,SAITO H,OGAWA T,et al. Effect of austenite grain size on the morphology and crystallography of lath martensite in low carbon steels[J]. ISIJ international,2005,45(1):91-94.

[66] WANG C F,WANG M Q,SHI J,et al. Effect of microstructural refinement on the toughness of low carbon martensitic steel[J]. Scripta materialia,2008,58(6):492-495.

[67] 徐祖耀. 条状马氏体形态对钢力学性质的影响[J]. 热处理,2009,24(3):1-6.

[68] 黄玉东. 稀土在钢铁中应用及其作用机理[J]. 兵器材料科学与工程,1988,11(8):8-18.

[69] 刘和,郑登慧,徐祖耀. 稀土对20Mn钢连续冷却相变和显微组织的影响[J]. 兵器材料科学与工程,1992,15(3):8-13.

[70] 徐祖耀,吕伟,王永瑞. 稀土对低碳钢马氏体相变的影响[J]. 钢铁,1995,30(4):52-58.

[71] HSU T Y. Effects of rare earth element on isothermal and martensitic transformations in low carbon steels[J]. ISIJ international,1998,38(11):1153-1164.

[72] 刘玉荣. 热处理工艺对超级马氏体不锈钢组织和性能的影响[D]. 昆明:昆明理工大学,2011.

[73] ZHANG C Y,WANG Q F,KONG J L,et al. Effect of martensite morphology on

impact toughness of ultra-high strength 25CrMo48V steel seamless tube quenched at different temperatures[J]. Journal of iron and steel research, international, 2013, 20(2):62-67.

[74] MEYRICK G, POWELL G W. Phase transformations in metals and alloys[J]. Annual review of materials science, 1973, 3:327-362.

[75] 俞德刚, 谈育煦. 钢的组织强度学:组织与强韧性[M]. 上海:上海科学技术出版社, 1983.

[76] ZHAO J W, ZHANG W, ZOU D N. Effect of quenching temperature and cooling manner on the property of the high speed steel roll[J]. Zhuzao jishu (foundry technology), 2005, 26(10):859-860.

[77] 马坪, 李倩, 唐志国, 等. 冷轧工作辊用 Cr5 钢奥氏体化时碳化物的溶解及晶粒长大行为[J]. 机械工程材料, 2010, 34(6):21-23.

[78] 王蒲, 石增敏, 张允题, 等. 22SiMn2TiB 钢淬火与回火过程中的组织演变[J]. 钢铁研究学报, 2016, 28(2):45-50.

[79] 贡海, 赵宝山, 徐景春, 等. 冷却速度对 25Cr2Ni4WA 钢板条马氏体组织与性能的影响[J]. 大连铁道学院学报, 1983, 4(增1):149-158.

[80] MOON J, KIM S J, LEE C. Effect of thermo-mechanical cycling on the microstructure and strength of lath martensite in the weld CGHAZ of HSLA steel[J]. Materials science and engineering:A, 2011, 528(25/26):7658-7662.

[81] 宁保群, 刘永长, 徐荣雷, 等. 形变热处理工艺(TMTP)对 T91 钢显微组织的影响[J]. 材料热处理学报, 2007, 28(增1):172-175.

[82] 刘永长, 马秋佳, 马宗青, 等. 一种新型高铬铁素体耐热钢及其马氏体板条细化方法: CN103014514A[P]. 2015-04-01.

[83] 刘永长, 张旦天, 马宗青, 等. 9%～12%Cr 系耐热钢强磁场作用下马氏体板条组织及细化方法:CN103305663A[P]. 2015-09-09.

[84] 王亚男, 廖代强, 武战军. 稳恒磁场对马氏体转变的影响[J]. 金属热处理, 2007, 32(4):68-71.

[85] 胡赓祥, 蔡珣, 戎咏华. 材料科学基础[M]. 3 版. 上海:上海交通大学出版社, 2010.

[86] SMITH D W, HEHEMANN R F. The influence of structural parameters on the yield strength of tempered martensite and lower bainite[R]. [S. l.], 1970.

[87] NORSTROM L A. On the yield strength of quenched low-carbon lath martensite[J]. Scandinavian journal of metallurgy, 1976, 5(4):159-165.

[88] 王春芳, 王毛球, 时捷, 等. 利用 EBSD 技术研究板条马氏体钢的微观组织及与力学性能的关系[C]//全国材料科学与图像科技学术会议, 2007.

[89] SOMEKAWA H, MUKAI T. Effect of grain refinement on fracture toughness in extruded pure magnesium[J]. Scripta materialia, 2005, 53(9):1059-1064.

[90] SOMEKAWA H, SINGH A, MUKAI T. High fracture toughness of extruded Mg-Zn-Y alloy by the synergistic effect of grain refinement and dispersion of quasicrystalline phase[J]. Scripta materialia, 2007, 56(12):1091-1094.

［91］ ISHIHARA M, IMURA S. Effect of austenitizing temperature on the fracture toughness of SCM440 and S45C steels[J]. Journal of the society of materials science, Japan,1986,35(396):1010-1015.

［92］ KIMURA Y,INOUE T,YIN F,et al. Inverse temperature dependence of toughness in an ultrafine grain-structure steel[J]. Science,2008,320(5879):1057-1060.

［93］ KIMURA Y, INOUE T. Influence of prior-austenite grain structure on the mechanical properties of ultrafine elongated grain structure steel processed by warm tempforming[J]. Transactions of the iron and steel institute of Japan international, 2015,55(8):1762-1771.

［94］ CAO R,LI J,LIU D S,et al. Micromechanism of decrease of impact toughness in coarse-grain heat-affected zone of HSLA steel with increasing welding heat input[J]. Metallurgical and materials transactions A,2015,46(7):2999-3014.

［95］ KUMAR A S,KUMAR B R,DATTA G L,et al. Effect of microstructure and grain size on the fracture toughness of a micro-alloyed steel[J]. Materials science and engineering:A,2010,527(4/5):954-960.

［96］ WOOD W E. Effect of heat treatment on the fracture toughness of low alloy steels [J]. Engineering fracture mechanics,1975,7(2):219-228.

［97］ 董瀚,李桂芬,陈南平. 高强度 30CrNiMnMoB 钢的脆性断裂机理[J]. 钢铁,1997(7): 49-53.

［98］ 沈俊昶,罗志俊,杨才福,等. 低合金钢板条组织中影响低温韧性的"有效晶粒尺寸" [J]. 钢铁研究学报,2014,26(7):70-76.

［99］ NAYLOR J P. The influence of the lath morphology on the yield stress and transition temperature of martensitic-bainitic steels[J]. Metallurgical transactions A,1979, 10(7):861-873.

［100］ MICHIUCHI M,NAMBU S,ISHIMOTO Y,et al. Relationship between local deformation behavior and crystallographic features of as-quenched lath martensite during uniaxial tensile deformation[J]. Acta materialia,2009,57(18):5283-5291.

［101］ NAMBU S,MICHIUCHI M,ISHUMOTO Y,et al. Transition in deformation behavior of martensitic steel during large deformation under uniaxial tensile loading [J]. Scripta materialia,2009,60(4):221-224.

［102］ SHERMAN D H,CROSS S M,KIM S,et al. Characterization of the carbon and retained austenite distributions in martensitic medium carbon,high silicon steel[J]. Metallurgical and materials transactions A,2007,38(8):1698-1711.

［103］ MARESCA F,KOUZNETSOVA V G,GEERS M G D. On the role of interlath retained austenite in the deformation of lath martensite[J]. Modelling and simulation of material science and engineering,2014,22:45011.

［104］ MARESCA F,KOUZNETSOVA V G,GEERS M G D. Subgrain lath martensite mechanics:a numerical-experimental analysis[J]. Journal of the mechanics and physics of solids,2014,73:69-83.

[105] CUI J,CHU Y S,FAMODU O O,et al. Combinatorial search of thermoelastic shape-memory alloys with extremely small hysteresis width[J]. Nature materials,2006, 5(4):286-290.

[106] YAN D,TASAN C C,RAABE D. High resolution in situ mapping of microstrain and microstructure evolution reveals damage resistance criteria in dual phase steels [J]. Acta materialia,2015,96:399-409.

[107] MORSDORF L,JEANNIN O,BARBIER D,et al. Multiple mechanisms of lath martensite plasticity[J]. Acta materialia,2016,121:202-214.

第 2 章　试验方法及理论模型

低碳板条马氏体具有多层次结构,即一个原奥氏体晶粒被分割成 2～3 个 Packet(具有相同惯习面);每个 Packet 被进一步分成若干 Block(相似取向的板条组成);Block 则由若干个 Lath 组成,原奥氏体界面、Packet 界面及 Block 界面均为大角度晶界,而 Lath 之间为小角度晶界[1-4]。本书以 20CrNi2Mo 钢为研究对象,原因在于该低碳钢易获取发达的马氏体多层次组织,并借助 Hall-Petch 关系、微孔形核模型、复合参量模型和空穴扩展比模型对条状马氏体组织与性能关系进行分析和讨论。

2.1　研　究　思　路

基于前述问题,本研究提出了两个理论模型:一是低中碳低合金高强度马氏体钢多层次组织复合参量模型,为力学性能参量的有效控制单元提供判据,同时反映宏观韧性与细观韧性之间的相关性;二是通过复合参量模型及临界孔穴比模型,结合整个变形和断裂过程的拉伸真应力-应变曲线包围面积即静力韧度中的非均匀功(颈缩开始后的部分)、冲击韧性测试过程的示波冲击(载荷与位移图)中裂纹扩展功面积与断裂力学中的 G 参量(能量释放准则)关系,建立拉伸静力韧度、冲击韧度与平面应变断裂韧性的关系定量模型。最终,通过该模型来预测这类高强度钢的不同韧塑性能、设计创制具有高强韧塑性能的新材料。

2.2　试验材料及热处理制度

20CrNi2Mo 钢是我国国家标准(GB/T 3203—2016)推荐钢材,牌号为 G20CrNi2Mo(作为合金结构钢牌号写作 20CrNi2Mo)。Cr 的加入使得钢的淬透性得到增加,Ni 增加淬透性的作用较小,但 Ni 与 Cr 同时加入钢中后,尤其是当 Cr、Ni 含量之比近似为 1∶3 时,能显著增加钢的淬透性。Mo 在渗碳钢中有多方面的突出作用,例如,它能大大提高零件渗碳层和心部的淬透性,有利于扩大使用尺寸和控制淬火变形;它明显抑制渗碳层中贝氏体的形成,有利于得到全马氏体组织;它能使渗碳层在较宽的碳含量范围内得到最高硬度,有利于硬化层质量的稳定;它抑制渗碳层表面氧化等,从而提高渗碳层的冲击断裂应力和过载加疲劳下的抗力。Mo 的加入使钢的晶粒细化,降低了钢的过热敏感性,使得钢在高温下长时间渗碳时晶粒不易长大。此外,Mo 的另一显著作用是改善了钢中碳化物的形态。细小且呈球状的碳化物不但可以提高轴承、齿轮的接触疲劳强度,而且可以提高其弯曲疲劳强度和耐磨性[5]。

利用 Q4 TASMAN 型直读光谱仪测得其化学成分如表 2-1 所示。根据行业标准《钢的临界点测定 膨胀法》(YB/T 5127—2018),采用 DIL805A/T 型相变仪测定试验钢的相变温度,其相变温度如表 2-2 所示。

表 2-1　试验材料的化学成分　　　　　　单位:wt%

钢	C	Mn	Si	Cr	Mo	Ni	S	P	Cu
20CrNi2Mo	0.208	0.666	0.255	0.647	0.262	1.698	0.008 9	0.012	0.024

表 2-2　20CrNi2Mo 钢的相变温度

相变点	A_{c1}	A_{c3}	A_{r3}	A_{r1}	M_s	M_f
温度/℃	720	842	740	630	375	200

采用电弧炉加炉外精炼、真空脱气,在充分脱氧和脱硫后,制备得到 ϕ80 mm 棒料。改锻成 ϕ17 mm 的圆棒和 13 mm×27 mm×125 mm 板样,再经 900 ℃退火 3 h、粗加工去氧化皮、真空热处理,精加工成标准拉伸试样和断裂韧性试样。

ϕ17 mm 的圆棒和 13 mm×27 mm×125 mm 板状样经 900 ℃退火处理后,在真空淬火炉中奥氏体化温度为 900~1 200 ℃,保温 1 h 冰盐水冷却,200 ℃回火,最终,获得不同尺度的原奥氏体晶粒,马氏体束、块及板条。

2.3　力学性能测试

2.3.1　室温拉伸性能

根据国家标准 GB/T 2975—2018 加工标准拉伸试样,如图 2-1 所示,加工过程中保证试件表面光滑和中间平行段直径保持一致。根据国家标准 GB/T 228—2021,在 MTS 拉伸试验机上完成单轴拉伸试验。试验前画出标距 L_0=135 mm。利用力值、变形、位移以及引伸计等传感装置测定试样室温拉伸状态时的变化趋势,从而得到试验用钢的抗拉强度(s_b)、屈服强度(s_s)、伸长率(A)及断面收缩率(Z)等与力学性能相关的试验数据。

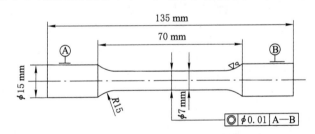

图 2-1　不同淬火温度工艺下拉伸试样尺寸

通常,拉伸过程的应力、应变参数通过原始的横截面积及长度进行计算,由此工程应力-应变曲线被建立,如图 2-2 所示。但是,当应力达到最大值时,拉伸试样开始颈缩,其应力-应变关系变得复杂[6]。本试验利用真应力-真应变曲线来表示拉伸过程的应力-应变的变化,如图 2-2 中 OPC′D′所示。由图 2-2 可知,拉伸曲线被分成 4 个区域,分别是线弹性区、非线弹性区、形变硬化区和应力软化区。

该研究中,真应力-应变曲线分两段进行计算,第一段在 C 点之前(图 2-2),即未发生颈

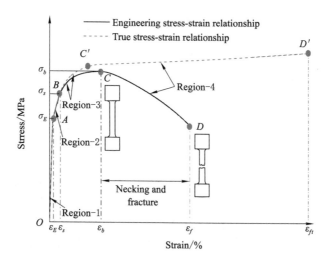

图 2-2　工程应力-应变关系及真应力-真应变模型

缩阶段,其真应力-真应变分别通过式(2-1)和式(2-2)进行计算;第二段为颈缩阶段(位于 C 点以后),该区域因颈缩应力-应变变得复杂,式(2-1)和式(2-2)已经不适用。由图 2-3可知,颈缩导致了两个参量的变化,即最小截面半径(a)和轮廓线曲线半径(R)。所以,本书借助这两个参量,采用 Bridgeman(布里奇曼)方程[7-8]对材料拉伸过程真应力-真应变进行估算,即采用式(2-3)、式(2-4)和式(2-5)。

　　最小截面半径(a)和轮廓线曲线半径(R)随着拉伸过程的变化而变化,利用数码相机对颈缩后的 a 和 R 值进行捕获。同时,采用 AutoCAD 软件对捕获的图片进行处理,如图 2-3所示。

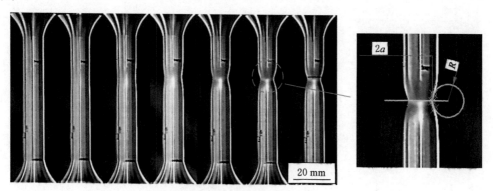

图 2-3　拉伸过程颈缩的观察及计算

$$S_1 = \sigma(1+\varepsilon) = \frac{F}{A_0}(1+\varepsilon) \tag{2-1}$$

$$e_1 = \ln(1+\varepsilon) \tag{2-2}$$

$$S_2 = \frac{F}{A} \tag{2-3}$$

$$S' = \frac{S_2}{(1+2R/a)\ln[1+a/(2R)]} \tag{2-4}$$

$$e_2 = 2\ln(a_0/a) \tag{2-5}$$

式中,S_1 和 S_2 分别为颈缩前后的真应力;S' 为经 Bridgeman 方程修正后的真应力;A_0 和 A 分别表示颈缩前后试样的最小横截面积;σ 和 ε 分别为工程应力和工程应变;F 为拉伸过程中实时载荷值。

2.3.2 断裂韧性 J_{IC} 测量

根据 GB/T 21143—2014,采用疲劳裂纹预制试样,三点弯曲加载或紧凑拉伸加载,测定 J 积分与裂纹扩展量 Δa 的关系。试验过程可对载荷位移进行数据采集,绘制载荷-位移曲线,并对其进行积分处理。然后,将 J 积分值与 Δa 作图,在规定的裂纹扩展范围内有四个试验点才有效。最后,用最小二乘法对 J-Δa 曲线进行拟合处理,计算及确定试验钢的金属延性断裂韧度 J_{IC}。

本研究以 20CrNi2Mo 钢为研究对象,不同热处理状态下试验钢强度显示于表 2-3,其断裂韧度 J_{IC} 约为 90 kJ·m^{-2}。然后根据国标估算 B、最大载荷,则试验钢的断裂韧度的测试参数如表 2-3 所示。根据表 2-3 中的数据,且为了后面的冲击试验试样设计,取试样厚度 $B=10$ mm,试样宽度 $W=20$ mm,加载跨距 $S=80$ mm,且试样总长 $L=5W=110$ mm。同时,预制疲劳裂纹初始长度 $a_0=0.5(W-2)=9$ mm,疲劳裂纹取 3 mm,则首先在三点弯试样上切取 9 mm 缺口。图 2-4 显示了断裂韧性试样,其断裂韧性测试在 INSTRON8501 试验机上完成。

表 2-3 试验钢不同热处理状态下的断裂韧性参数

参量	900 ℃	1 000 ℃	1 100 ℃	1 200 ℃
σ_s/MPa	1 181.79	1 122.79	1 096.36	1 074.81
σ_b/MPa	1 482.43	1 408.64	1 401.80	1 380.74
b/mm	≥1.67	≥1.73	≥1.80	≥1.83
P_L/N	14 209.17	13 500.96	13 323.52	13 101.6
P_{tmax}/N	≥7 104.59	≥6 750.48	≥6 661.76	≥6 550.8
P_{tmin}/N	≤710.46	≤675.05	≤666.18	≤655.08

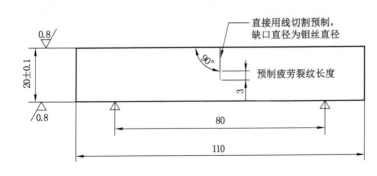
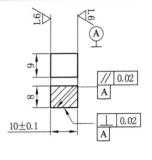

图 2-4 试验钢标准断裂韧性试样

2.3.3 冲击韧性 A_K 测量

钢材的冲击韧性是衡量钢材工作性能的一项重要力学性能指标,它反映了钢材在三维应力作用下塑性变形和吸收外来能量的能力。为了与断裂韧性进行对比,本书主要采用线切割加工缺口,缺口宽度与钼丝直径相当,且通过 NI150C 示波冲击试验机完成室温冲击试验测试,从而得到裂纹形成及扩展各阶段做的功,进而研究马氏体多层次组织对裂纹萌生、扩展的影响。为了避免尺寸效应,冲击试样从前面的断裂韧性试样上截取。

2.4 微观组织及断口分析

采用 OM(光学显微镜)、SEM、SEM/EBSD 及 TEM(透射电子显微镜)对试验钢不同工艺下的马氏体多层次组织进行分析并统计。然后利用 SEM 和 SEM/EBSD 对拉伸、冲击断口形貌特征及裂纹扩展路径进行表征。

2.4.1 微观组织分析

从冲击试样上截取 5 mm×10 mm×10 mm 的金相试样,经打磨、磨制及机械抛光后用 80~90 ℃的过饱和苦味酸溶液腐蚀出奥氏体晶界,在 PMG-3 型光学显微镜下观察原奥氏体晶粒尺寸。然后,再通过软件采用直线截点法对约 500 个原奥氏体晶粒进行统计分析。同时,采用 2%~4%的硝酸酒精溶液对金相试样进行腐蚀,时间约 30 s,再通过蔡司 SUPPRA 型扫描电镜观察不同热处理工艺下的马氏体板条束结构,然后利用 Nano Measurer 软件采用直线截取法对约 200 个马氏体束进行统计分析。

马氏体板条块结构采用 EBSD 分析获得,其电镜参数为:加速电压为 20 kV,120 μm 的光阑,样品台倾斜 70°,数据采集的步长为 0.05~0.2 μm,步长尺寸的选定根据板条块宽度而定,原则是步长尺寸比板条块宽度小。然后利用 Nano Measurer 软件采用直线截取法对约 200 个马氏体块进行统计分析。EBSD 制样:金相试样经磨抛去掉划痕后,在 VibroMet2 型振动抛光试验机上进行约 10 h 的振动抛光,去掉表层的形变层。

在金相试样上切取 0.3 mm 厚的电镜薄片,均匀研磨至 50~70 nm 后,离子减薄制样。用 Tecnai G2 F20 S-TWIN(200 kV)型透射电子显微镜观察马氏体板条组织形貌。然后利用 Nano Measurer 软件采用直线截取法对约 150 个马氏体板条进行统计分析。

2.4.2 断口形貌观察

断口形貌分析主要包括横向断口形貌观察和纵向裂纹路径观察,断口形貌试样截取如图 2-5 所示。冲击、拉伸测试结束后,截取横向断口,利用超声清洗,然后在 SEM 下观察。宏观上,在 11~20 倍条件下获取拉伸、冲击断口的三个区域;微观上,在 1 000~5 000 倍条件下观察断口的微观特征,并利用 Nano Measurer 软件采用直线截取法对约 500 个韧窝及韧窝间距进行统计分析。

另外,先对拉伸、冲击断口表面进行镀镍保护,然后纵向截取试样,经磨抛后,经 2%~4%的硝酸酒精溶液腐蚀后,观察裂纹在组织中的扩展路径。再利用振动抛光制备 EBSD 试样,观察裂纹扩展与马氏体多层次组织间的相互作用。而对于断裂韧性试样,卸载完成后直

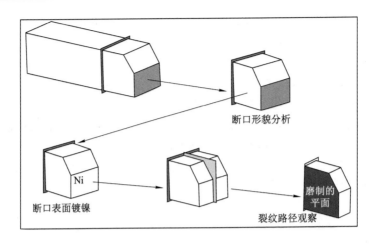

图 2-5　试验钢冲击断口试样制备及处理

接截取试样。该试样不需要镀镍,但磨抛过程注意保持裂纹缝区尽量干净,其磨抛方法为:在水流重洗条件下,利用水砂(400 目-1 000 目-2 000 目-3 000 目-5 000 目-7 000 目)依次进行抛光,磨抛时沿试样对角线单向磨抛,且磨抛方向从裂纹尖端向预制裂纹方向使力,避免磨屑进入裂纹缝。然后,分别利用硝酸酒精和振动抛光制备金相试样和 EBSD 试样。

2.5　理论模型

2.5.1　Hall-Petch 关系

　　细化晶粒一直是改善多晶体材料强度的一种有效手段。根据位错理论,晶界是位错运动的障碍,在外力作用下,要在相邻晶粒间产生切变变形,晶界处必须产生足够大的应力集中,细化晶粒可以产生更多的晶界,如果晶界结构未发生变化,则施加更大的外力才能产生位错塞积,从而使材料强化。Hall-Petch 关系就是在位错塞积模型基础上导出的。

　　20 世纪 50 年代初,人们开始研究晶粒尺寸与材料强度的关系,1951 年当时还在谢菲尔德大学读书的 E. O. Hall 在《物理学进程表》上发表了一篇文章。在文章中,他指出了滑动带的长度或裂纹尺寸与晶粒尺寸成正比,即 $\Delta\tau \propto k/d^x$,式子中的第一项代表了材料的强度,k 是常数。由于技术条件的限制,Hall 只能推出成正比的关系,但是 x 的取值没有具体给出。同时,Hall 选取的研究对象是锌,但是他发现这个关系应用于低碳钢同样成立。英国利兹大学的 N. J. Petch 根据自己在 1946—1949 年的试验研究和 Hall 的理论发表了一篇论文,这篇论文着重讲述了有关脆性断裂方面的知识,通过测量在低温条件下不同晶粒尺寸的解理强度,Petch 把 Hall 提出的数学关系进行了精确的完善,这个重要的数学关系就是经典的 Hall-Petch 关系,见式(2-6):

$$\sigma_y = \sigma_0 + k_y d^{-1/2} \tag{2-6}$$

式中,σ_y 代表材料的屈服极限,是材料发生 0.2% 变形时的屈服应力 $\sigma_{0.2}$;σ_0 表示移动单个位错时产生的晶格摩擦阻力;k_y 为常数,与材料的种类、性质以及晶粒尺寸有关;d 表示材料的平均晶粒直径。

然而,随着晶粒细化至纳米级或大量小角度界面的出现,位错塞积理论的应用受到限制,材料的性能指标与纳米晶之间也不再服从 Hall-Petch 关系[9-10],这对与材料性能有关的有效晶粒的判据提出了新的挑战。此外,同一种材料相同类型、不同尺度的多层次结构,其断裂模式可能是不同的,则 Hall-Petch 关系能否适用是不清楚的。

材料的强度决定了它不同的用途,事实上人们一直致力于寻找一种高强度的材料,晶粒细化是材料强化的常用手段,Hall-Petch 关系是晶粒细化理论的重要理论依据,随着科技和技术的不断更新,Hall-Petch 关系也在不断地进步和发展。随着科学技术的进步和发展,晶粒细化可能细化到纳米以下的级别,那时的 Hall-Petch 关系又将发展到什么样的地步需要我们一直努力去揭晓。

在本书中,Hall-Petch 关系除了用于强度的有效晶粒的计算和判断,同样用于拉伸塑性、断裂韧性和冲击韧性的分析。

2.5.2　微孔形核模型

相变过程中的驱动力源于两相的自由能差,也称为体积自由能差或化学自由能差,用 ΔG_V 表示;而相变阻力则为因新相胚胎出现而产生的界面能,用 γ_s 表示。通常,在一定的温度下,ΔG_V 与 γ_s 为常数,则 ΔG 是晶核半径 r 的函数。明显可以看出,晶核半径 r 存在一临界值 r^*:当晶核的半径 $r < r^*$ 时,其长大将导致体系自由能增加,故该尺度的晶胚极不稳定,很难长大,最终溶解消失;当 $r \geqslant r^*$ 时,随 r 增大,体系的自由能降低,则这些晶核就能稳定地长大。因此,并不是所有晶核都能形成稳定晶核,只有达到临界晶核半径的晶核才能自发长大,这就需要克服临界形核功或形核能垒 ΔG^*。r^* 与 ΔG^* 通过 $\dfrac{\mathrm{d}\Delta G}{\mathrm{d}r} = 0$ 计算获得,如下所示。

$$\Delta G = -\frac{4}{3}\pi r^3 \Delta G_V + 4\pi r^2 \gamma_s \tag{2-7}$$

$$r^* = \frac{2\gamma_s}{\Delta G_V} \tag{2-8}$$

$$\Delta G^* = \frac{16\gamma_s^3}{3(\Delta G_V)^2} \tag{2-9}$$

基于以上分析,本研究针对拉伸过程中微孔的形核做出以下几点等效转换:

(1) 微孔形核的动力为缩颈前的载荷做的单位体积功(ΔG_V),如式(2-10)所示,等于后面第 4 章提到的萌生功 U_P,其反映了最大载荷前试验钢的塑性变形能力。

(2) 阻力则为形成孔穴时的表面能及材料的塑性变形能($2\gamma_s + \gamma_p$),根据断裂力学的 G 参量,则孔穴形成的阻力近似为试验钢断裂韧性 J_{IC} 或 G_{IC}[11],如式(2-11)所示。然而,J_{IC} 表示裂纹扩展 a_c 时消耗的能量,其由若干个(N_2)孔穴连接而成,因此,对于单个孔穴单位面积需要克服的能量可表示为 $\dfrac{J_{IC}}{N_2}$。

(3) 微孔的形成易在缺陷处形成,这里假设在第二相处形成韧窝,且韧窝均为球形,则单个孔穴形成时体积增量为 $\dfrac{4}{3}\pi(r^3 - r_0^3)$,面积增量为 $4\pi r^2$。

最后,结合经典形核理论及提出的边界条件,对于单个孔穴形核总的自由能变化可用式(2-12)表示；同时，整个试样体积膨胀的自由能由式(2-13)表示，如图 2-6 所示。接下来，利用自由能对孔穴半径求导($\frac{\mathrm{d}\Delta G}{\mathrm{d}r}=0$)，得到孔穴的临界半径及临界形核功，如式(2-14)和式(2-15)所示。然而，我们都知道孔穴形核于缺陷处，所以孔穴的形核为异相成核，需考虑其形核的接触角 θ，其中异相成核的系数 $f(\theta)=\dfrac{(2+\cos\theta)(1-\cos\theta)^2}{4}$，通常 θ 取 20°，则 $f(\theta)$ 近似为 0.21。因此，孔穴的临界尺寸不变，但其临界形核能全 ΔG_h^* 变小，如式(2-16)所示。

$$\Delta G_V = \int_0^{\varepsilon_b} \sigma \mathrm{d}\varepsilon = U_P \tag{2-10}$$

$$G_{IC} = \frac{\partial U}{\partial A} = \frac{\partial (U_e + W)}{\partial A} = (2\gamma_s + \gamma_p) \approx J_{IC} \tag{2-11}$$

$$\Delta G = -\frac{4}{3}\pi(r^3 - r_0^3)U_P + 4\pi r^2 \frac{J_{IC}}{N_2} \tag{2-12}$$

$$\Delta G_W = N_1 \Delta G = -N_1 \frac{4}{3}\pi(r^3 - r_0^3)U_P + N_1 4\pi r^2 \frac{J_{IC}}{N_2} \tag{2-13}$$

$$r^* = \frac{2J_{IC}}{N_2 U_P} \tag{2-14}$$

$$\Delta G^* = \frac{16 J_{IC}^3}{3 N_2^3 U_P^2} \tag{2-15}$$

$$\Delta G_h^* = \frac{16 J_{IC}^3}{3 N_2^3 (U_P)^2} f(\theta) = \frac{1.12 J_{IC}^3}{N_2^3 U_P^2} \tag{2-16}$$

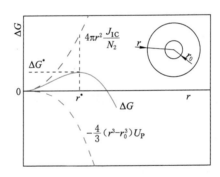

图 2-6　球形孔穴的自由能随其半径的变化

虽然前面推导出来了临界孔穴尺寸和临界形核功的表达式，而且断裂韧性 J_{IC} 与拉伸过程中的最大载荷之前单位体积内载荷做的功 U_P 通过试验及计算获得了，但是，临界裂纹长度 a_c 对应的微孔数量 N_2 却难以测量。为此，本书提出了一个设想，如图 2-7 所示，裂纹尖端首先形成 r^* 的微孔，然后这些微孔在外力作用下逐渐长大至临界韧窝尺寸 d_0。最后，d_0 尺度的临界韧窝逐渐合并成临界裂纹长度 a_c。于是，N_2 采用 $N_2 = \dfrac{a_c}{d_0}$ 进行计算，式中 d_0 通过对断口上分布均匀且只有单个夹杂韧窝进行统计获得，而 a_c 通过断裂力学的一系列推导获得，如式(2-17)、式(2-18)和式(2-19)所示。

$$a_c = \left(\frac{K_{IC}}{\sigma_s}\right)^2 \tag{2-17}$$

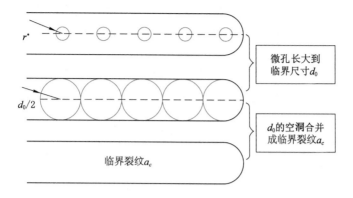

图 2-7 临界韧窝合并形成临界裂纹模型

$$K_{IC} = \sqrt{\frac{E}{1-\nu^2}} \sqrt{J_{IC}} \tag{2-18}$$

$$N_2 = \frac{EJ_{IC}}{(1-\nu^2)d_0\sigma_s^2} \tag{2-19}$$

式中,E 为弹性模量;σ_s 为试验钢的屈服强度;ν 为泊松比,取 0.3。由式(2-19)进一步推出临界形核半径 r^* 及形核功 ΔG_h^* 的表达式,如式(2-20)和式(2-21)所示。

$$r^* = \frac{2(1-\nu^2)\sigma_s^2 d_0}{EU_P} \tag{2-20}$$

$$\Delta G_h^* = \frac{1.12(1-\nu^2)^3 d_0^3 \sigma_s^6}{E^3 U_P^2} \tag{2-21}$$

本书采用传统形核理论并结合材料的强度、断裂韧度等性能,深入研究微孔的形核与宏观力学参量的关系,揭示微裂纹的萌生行为。

2.5.3 复合参量模型

静态变形的整个过程,首先会在有利于变形的部位形成局部剪切带,然后逐渐变形均匀化,扩展至整个试样体积上,或扩展至裂纹尖端高应变梯度的整个尺寸范围(对裂纹试样)。这个过程中一般晶粒尺寸特别是粗大晶粒尺寸都不会起塑性协调作用,而亚组织单元会起到一定的变形协调作用。进一步变形,其将在弱位置因形变硬化速率跟不上变形速率的现象而导致形成孔洞;当孔洞形成后,孔洞之间连接时的塑性协调就会在高应变梯度的尺寸范围内不断进行,由于这个范围不大,当晶粒尺寸很粗大时,晶粒之间协调困难而在晶界产生高的应变集中。如果没有更小的组织单元来协调变形就会导致孔洞之间通过沿晶界快速连接而显著降低塑韧性。

对于条状马氏体钢,除原奥氏体晶粒外还包括马氏体束、块和条。随奥氏体晶粒粗化,束尺寸、块尺寸粗化但条尺寸并没有变化甚至还可能略有细化,特别是马氏体条的长宽比显著增加,这就为裂纹横穿条创造了条件[12-13]。而裂纹在扩展过程横向穿过条将使条之间的旋转、条本身的弯曲产生很好的塑性协调,此过程消耗了较多的能量。当晶界不能作为协调单元时其他亚单元将起到塑性协调作用,数量最大、厚度最小的条单元将会在塑性协调过程起到控制作用,从而使这种组织的塑韧性更为优异。这就是低碳钢中的条马氏体组织的塑韧性在粗晶中较优异的主要原因。

基于多层次结构,本书针对应变控制的断裂,提出长裂纹尖端前沿控制其扩展的临界尺寸 $n\delta_C$($n=1\sim2$),即有效变形体积。这个临界尺寸与多层次组织尺寸 d_i 的比值对断裂韧性有重要的控制作用。当原奥氏体晶粒尺寸远大于这个有效变形体积时,控制断裂韧性的组织参量将是小于这个体积尺寸的另一个层次的组织参量。为了获得反映宏观韧性与细观韧性之间关系的判据,提出采用如下的细观复合参量:

$$D_i = \frac{d_i}{n\delta_C} = \frac{d_i}{V_T} \tag{2-22}$$

式中,d_i 为细观组织特征尺寸,$i=1,2,3,4,\cdots$,代表不同层次的组织参量,如马氏体钢中的原奥氏体晶粒尺寸、马氏体领域尺寸、板条束宽度、板条宽度、位错运动特征尺寸、亚晶粒尺寸等。

对于应变控制的断裂,在低碳板条马氏体钢中若原奥氏体晶粒尺寸 d_r 作为反映宏观韧性的参数,则当 $n\delta$ 远大于 d_r 时细观韧塑性与宏观韧塑性的变化应一致。满足这个条件的前提是:① d_r 要足够细化,使得高应变梯度场尺寸 $n\delta$ 能够包含较多的原奥氏体晶粒;② $n\delta$ 要足够大,以反映宏观性能。也就是说,d_r 远小于 $n\delta$ 才能满足这一条件,即 $D_i<1$。否则,则不能反映宏观韧性的有效晶粒,细观塑韧性与宏观韧塑性的变化也可能不一致。该结论能较好地解释韧塑性为什么会出现相反的变化。同样,d_p(马氏体束宽平均尺寸)、d_b(马氏体领域平均尺寸)及 d_l(马氏体条宽度平均尺寸)等晶粒尺寸也可以用来表征是否为宏观韧性参数。

通常,多层次组织利用 SEM、EBSD 和 TEM 等进行表征;而 $n\delta_C$ 或 V_T 表示有效变形体积,其主要根据不同测试过程、断裂机制等进行计算或测量。多层次组织与裂尖有效变形体积的关系正是复合参量模型的内涵,如图 2-8 所示:在应变控制的断裂中,当 $D_i<1$,即有效变形体积包含若干晶粒时[图 2-8(a)],可以肯定晶粒对塑性变形的协调会有一定作用,但不一定起控制作用。就板条马氏体钢而言,如果晶粒不足够细化,则束尺寸、块尺寸以及条都会参与塑性协调,因此参与协调数量最多的单元将起控制作用。若 $D_i>1$,可以断定晶粒一定不起控制作用[图 2-12(b)]。也就是说,D_i 模型对控制单元判断起到排除法的作用,$D_i<1$,该层次组织可能起协调作用,而 $D_i>1$,该层次组织一定不起协调作用。此外,D_i 在小于 1 时的大小比较为:$D_{i1}<D_{i2}<D_{i3}<\cdots<D_{in}$,这个最小的 D_i 即 D_{i1} 就是起控制作用的复合参量,且这个单元与界面是否是大角度晶界没有直接的依赖关系,弥补了 Hall-Petch 关系应用的不足。

2.5.4 空穴扩张比模型

韧性断裂来自孔穴的形核、扩张和聚合:第一代孔穴的大量形核位于最大载荷左右的很小的应变范围;随后在增长的应变和三轴应力的共同作用下不断长大,直至最终合并断裂。从韧性断裂的宏观断口上,均能看到高低起伏的韧窝,这是临界孔穴在聚合方向与载荷方向上呈一定角度所致,通常当有效应变约为 0.6,接近失稳应变时,孔穴首先沿着载荷的轴向开始聚合;当接近失稳应变,约为断裂应变的 90% 时,孔穴才沿着与载荷垂直的方向聚合[14]。一般而言,韧性断裂是大量塑性变形的结果[15-18],所以延性断裂的判据可表示为:

$$\varepsilon_p = \varepsilon_f \tag{2-23}$$

然而,ε_f 是与应力状态有关的量,所以 ε_f 可以进一步表示为:

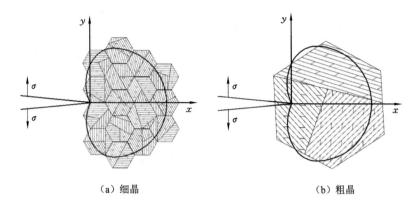

（a）细晶　　　　　　　　　　　　　（b）粗晶

图 2-8　裂尖有效变形体积与多层次组织的关系

$$\varepsilon_f = F(\sigma_m / \bar{\sigma}) = F(R_\sigma) \tag{2-24}$$

进一步推导简化得到式（2-25）：

$$\varepsilon_f \cdot \frac{1}{F(R_\sigma)} = \varepsilon_f \cdot f(R_\sigma) = V_{GC} \tag{2-25}$$

上述表达式中，ε_p 表示有效塑性应变；ε_f 为断裂应变；R_σ 表示应力三轴性状态系数，等于平均应力 σ_m 与有效应力 $\bar{\sigma}$ 的比值。因此，最终得到常数 V_{GC}，其表示临界孔穴扩张比的宏观形势，是一个材料常数。

根据文献报道[15,19]，材料的断裂应变 ε_f 与 R_σ 存在线性关系，如式（2-26）所示。其中 C_1、C_2 为常数，通过大量数据对 $\ln \varepsilon_f$ 与 R_σ 线性拟合，得到 C_2 约为 1.5。

$$\varepsilon_f = C_1 \exp(C_2 R_\sigma) \tag{2-26}$$

以上是临界孔穴扩张比的宏观来源，其受宏观的断裂应变 ε_f 及应力三轴性状态系数的影响。而从习惯角度来看，理想塑性材料中孤立孔穴的扩张规律可表示为：

$$\frac{dR}{R} \approx 0.283 \exp\left(\frac{3}{3} \cdot \frac{\sigma_m}{\sigma_y}\right) d\varepsilon_p \tag{2-27}$$

将式（2-27）直接积分化简得到方程（2-28），式中，R_c 为失稳时的孔穴尺寸；R_0 与 ε_0 分别表示孔穴的形核半径和形核应变；ε_{pi} 表示失稳应变，其远大于 ε_0，但接近 ε_f，一般为 $(0.85 \sim 0.9)\varepsilon_f$。式（2-28）进一步简化为式（2-29）。进而，临界形核扩张比的宏观力学参量及微观表达式如式（2-30）所示，其有机地把材料失稳时的宏观特征与细观特征相结合，揭示了宏观力学效应的微观机制，从宏观力学参量的测量上反映了材料微观组织变化的本质特征。

$$\ln \frac{R_c}{R_0} \approx C \exp\left(\frac{3}{2} R_\sigma\right)(\varepsilon_{pi} - \varepsilon_0) \tag{2-28}$$

$$\ln \frac{R_c}{R_0} \approx C \exp\left(\frac{3}{2} R_\sigma\right)\varepsilon_f \tag{2-29}$$

$$V_{GC} = \frac{1}{C} \ln \frac{R_c}{R_0} = \exp\left(\frac{3}{2} R_\sigma\right)\varepsilon_f \tag{2-30}$$

此外，ε_p 与 R_σ 分别通过 Bridgman（布里奇曼）公式进行计算，如式（2-31）和式（2-32）所示。其中 a_0 表示拉伸试样的初始半径，a 为拉伸过程的颈缩处瞬时半径，ρ 为颈缩处的曲率半径。

$$\varepsilon_p = 2\ln(a_0/a) \tag{2-31}$$

$$R_\sigma = \frac{1}{3} + \ln\left(1 + \frac{a}{2\rho}\right) \tag{2-32}$$

综上所述，V_{GC} 是一个材料特性常数，与 ε_f 和 R_σ 无关，与材料的密度、比热等参量相似，其可用于表征不同材料抗延性断裂特征，可用于筛选同一材料的热处理制度。其还可作为孔穴损伤的判据，如式(2-33)所示，即 $D=0$ 时，材料无损；$0<D<1$ 时，材料处于受损过程；$D=1$ 时，孔穴聚合，材料失稳破坏。

$$D = 1 - \frac{V_{GC} - V_G}{V_{GC}} \tag{2-33}$$

参 考 文 献

[1] KRAUSS G. Martensite in steel：strength and structure[J]. Materials science and engineering：A,1999,273/274/275：40-57.

[2] TOMITA Y,OKABAYASHI K. Effect of microstructure on strength and toughness of heat-treated low alloy structural steels[J]. Metallurgical transactions：A,1986,17(7)：1203-1209.

[3] 谭玉华,马跃新. 马氏体新形态学[M]. 北京：冶金工业出版社,2013.

[4] KELLY P M,JOSTSONS A,BLAKE R G. The orientation relationship between lath martensite and austenite in low carbon,low alloy steels[J]. Acta metallurgica et materialia,1990,38(6)：1075-1081.

[5] 薛维华. 20CrNi₂Mo 钢热处理工艺及性能研究[D]. 阜新：辽宁工程技术大学,2006.

[6] ARASARATNAM P,SIVAKUMARAN K S,TAIT M J. True stress-true strain models for structural steel elements[J]. ISRN civil engineering,2011,2011：1-11.

[7] LING Y. Uniaxial true stress-strain after necking[J]. AMP journal of technology,2004,5：37-48.

[8] CHOUNG J M,CHO S R. Study on true stress correction from tensile tests[J]. Journal of mechanical science and technology,2008,22(6)：1039-1051.

[9] 邹章雄,项金钟,许思勇. Hall-Petch 关系的理论推导及其适用范围讨论[J]. 物理测试,2012,30(6)：13-17.

[10] KATO M. Hall-petch relationship and dislocation model for deformation of ultrafine-grained and nanocrystalline metals[J]. Materials transactions,2014,55(1)：19-24.

[11] 吕泉. J 积分法测 50Mn 结构钢的断裂韧性 J_{IC}[J]. 贵州教育学院学报,2004(2)：18-19.

[12] LIANG Y L,LONG S L,XU P W,et al. The important role of martensite laths to fracture toughness for the ductile fracture controlled by the strain in EA4T axle steel[J]. Materials science and engineering：A,2017,695：154-164.

[13] ZACKAY V F,PARKER E R,GOOLSBY R D,et al. Untempered ultra-high strength steels of high fracture toughness[J]. Nature physical science,1972,236(68)：108-109.

[14] 郑长卿. 金属韧性破坏的细观力学及其应用研究[M]. 北京：国防工业出版社,1995.

[15] ZHENG C Q,Radon J C. The formation of voids in the ductile fracture of low alloy steel [C]//Proceeding of ICF International Symposium on Fracture Mechanics (Beijing),1983:1052-1056.

[16] 郑长卿,周利,刘建民.临界空穴扩张比判据及其初步应用[J].固体力学学报,1988, 9(4):336-344.

[17] 曹维涤,王自强.断裂微观过程的模型化及其力学分析的概论[J].力学与实践,1981, 3(3):1-6.

[18] 杨南生.塑性力学与弹塑性断裂[M].[S. l. :s. n.],1984.

[19] RICE J R,TRACEY D M. On the ductile enlargement of voids in triaxial stress fields [J]. Journal of the mechanics and physics of solids,1969,17(3):201-217.

第3章 条状马氏体钢晶体取向及多层次组织

对于大多数金属材料,往往存在多相结构,而两相之间通常存在特定的取向关系[1-2]。例如,钢中的马氏体相变通过切变方式进行,其新相与母相之间满足特定的取向关系,如K-S关系、N-W 关系等[3];钢中的碳化物或合金中的第二相以共格沉淀析出,其与母相之间也满足特定的取向关系[4-6];还有金属与合金的氧化、半导体的外延生长、金属材料的电镀等过程[7-9],这些表明新相均沿着基体的某一晶面和方向生长,即两相之间都存在对应的取向关系;此外,还有我们熟知的孪晶取向关系。同时,晶体的取向特征对材料的力学性能、电学性能及抗腐蚀性能等存在重要的影响[10-11]。因此,研究晶体的取向关系,对于了解晶体的生长及相变等微观过程具有重要的指导意义。

板条马氏体是钢中最重要的组织之一,它与母相的取向关系一直是研究者关注的重要问题。近年来,EBSD 分析技术的快速发展,给马氏体的取向分析提供了新的途径,文献[12]发现 Fe-C(0.002 6%～0.061%C)合金钢马氏体相变中马氏体与母相奥氏体一般为K-S关系,且有 24 种可能的变体,只有部分变体出现,具有变体选择性。Furuhara 等[13]应用EBSD 技术研究了不同含碳量的碳钢中马氏体的晶体学特征,发现在低碳钢(0.002 6%～0.38%C)中,每个板条束含有两组 K-S 关系的变体,它们之间取向差大约为 10°。但在高碳钢(0.61%C)中,板条束由具有单一变体的板条组成,六种具有不同取向的板条会在一个马氏体领域内出现。还有学者[14-16]应用 EBSD 技术研究了相对大区域的板条马氏体的晶体学特征。我国的王春芳、张美汉等[2,17-18]也对此进行了相关研究。

虽然,大量的研究都描述了取向的计算方法及表达方式,但多数情况下只是给出了推导或计算的结果,或是用相关软件进行计算。本研究在此基础上,以马氏体相变的 K-S 关系的 24 种变体的计算为例,阐述和推导取向的运算过程。同时,应用于试验钢取向分析和表征。此外,本研究利用不同淬火温度获取马氏体多层次组织,并对其进行定量表征,为后续的讨论分析做准备。

3.1 板条马氏体的取向分析

由于马氏体相变的特殊性,所以马氏体转变的晶体学特点是新相和母相存在着一定的取向关系,这些取向关系导致马氏体相变形核和长大界面能、体积应变能处于最低状态。同时,马氏体的变体之间也存在相应的组合[15],使得板条(单晶)之间保持小角度界面,进一步使得马氏体相变形核和长大界面能、体积应变能最低。本章工作的目的在于讨论马氏体取向关系的计算方式,便于深入理解马氏体的相变过程。

晶体坐标系的 3 个晶轴如{[100]-[010]-[001]}与样品坐标系{RD(rolling direction,轧

向)-TD(transverse direction,侧向或横向)-ND(normal direction),法向}的相对位置如图 3-1 所示。

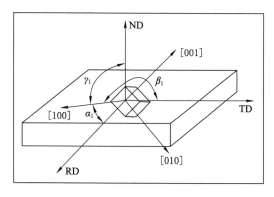

图 3-1　两坐标的相对位置关系

晶体取向的表达方式包括数字表示法和图像表示法[2,19],具体如下:

(1) 米勒指数,即$(hkl)[uvw]$。其表示某晶胞的(hkl)晶面平行于样品坐标系的轧面(即$(hkl)//ND$),$[uvw]$晶向平行于样品坐标系的轧向(即$[uvw]//RD$)。6 个数字中 3 个是独立的,3 个约束条件指两组指数的归一化条件和相互垂直。

(2) 方向余弦矩阵,即取向矩阵 $\boldsymbol{g}$,如式(3-1)所示。α_1、α_2、α_3 表示样品坐标系的 RD 轧向与晶体坐标轴$[100]$-$[010]$-$[001]$的夹角,β_1、β_2、β_3 表示样品坐标系的 TD 方向与晶体坐标轴$[100]$-$[010]$-$[001]$的夹角,γ_1、γ_2、γ_3 表示样品坐标系的 ND 轧向与晶体坐标轴$[100]$-$[010]$-$[001]$的夹角。这就构成了两个坐标系静态相对位置的转换矩阵。

$$
\boldsymbol{g} = \begin{bmatrix} g_{11} & g_{12} & g_{13} \\ g_{21} & g_{22} & g_{23} \\ g_{31} & g_{32} & g_{33} \end{bmatrix} = \begin{bmatrix} \cos\alpha_1 & \cos\beta_1 & \cos\gamma_1 \\ \cos\alpha_2 & \cos\beta_2 & \cos\gamma_2 \\ \cos\alpha_3 & \cos\beta_3 & \cos\gamma_3 \end{bmatrix} \tag{3-1}
$$

(3) 欧拉角$(\varphi_1,\varphi,\varphi_2)$,其表示晶胞沿样品坐标系的法向、新轧向、新法向转动三个角度后与晶体坐标系重合,其转换矩阵如式(3-2)所示。

$$
\boldsymbol{g} = \begin{bmatrix} \cos\varphi_2 & \sin\varphi_2 & 0 \\ -\sin\varphi_2 & \cos\varphi_2 & 0 \\ 0 & 0 & 1 \end{bmatrix} \begin{bmatrix} 1 & 0 & 0 \\ 0 & \cos\psi & \sin\psi \\ 0 & -\sin\psi & \cos\psi \end{bmatrix} \begin{bmatrix} \cos\varphi_1 & \sin\varphi_1 & 0 \\ -\sin\varphi_1 & \cos\varphi_1 & 0 \\ 0 & 0 & 1 \end{bmatrix}
$$

$$
= \begin{bmatrix} \cos\varphi_1\cos\varphi_2 - \sin\varphi_1\sin\varphi_2\cos\psi & \sin\varphi_1\cos\varphi_2 + \cos\varphi_1\sin\varphi_2\cos\psi & \sin\varphi_2\sin\psi \\ -\cos\varphi_1\sin\varphi_2 - \sin\varphi_1\cos\varphi_2\cos\psi & -\sin\varphi_1\sin\varphi_2 + \cos\varphi_1\cos\varphi_2\cos\psi & \cos\varphi_2\sin\psi \\ \sin\varphi_1\sin\psi & -\cos\varphi_1\sin\psi & \cos\psi \end{bmatrix}
$$

$$\tag{3-2}$$

(4) 角轴对$\theta(r_1,r_2,r_3)$,其表示某晶胞的晶体坐标系$[100]$-$[010]$-$[001]$沿自身的(r_1,r_2,r_3)旋转轴转动 θ 角后与样品坐标系重合。

以上各取向的表达方式均以取向矩阵 $\boldsymbol{g}$ 为出发点,其中 EBSD 输出欧拉角,其他表达只要给出要求就可以计算出。它们的关系如下:

$$\boldsymbol{g} = \begin{bmatrix} g_{11} & g_{12} & g_{13} \\ g_{21} & g_{22} & g_{23} \\ g_{31} & g_{32} & g_{33} \end{bmatrix} = \begin{bmatrix} u & r & h \\ v & s & k \\ w & t & l \end{bmatrix}$$

$$= \begin{bmatrix} \cos\varphi_1\cos\varphi_2 - \sin\varphi_1\sin\varphi_2\cos\psi & \sin\varphi_1\cos\varphi_2 + \cos\varphi_1\sin\varphi_2\cos\psi & \sin\varphi_2\sin\psi \\ -\cos\varphi_1\sin\varphi_2 - \sin\varphi_1\cos\varphi_2\cos\psi & -\sin\varphi_1\sin\varphi_2 + \cos\varphi_1\cos\varphi_2\cos\psi & \cos\varphi_2\sin\psi \\ \sin\varphi_1\sin\psi & -\cos\varphi_1\sin\psi & \cos\psi \end{bmatrix}$$

$$= \begin{bmatrix} (1-r_1^2)\cos\theta + r_1^2 & r_1 r_2(1-\cos\theta) + r_3\sin\theta & r_1 r_3(1-\cos\theta) - r_2\sin\theta \\ r_1 r_2(1-\cos\theta) - r_3\sin\theta & (1-r_2^2)\cos\theta + r_2^2 & r_2 r_3(1-\cos\theta) + r_1\sin\theta \\ r_1 r_3(1-\cos\theta) + r_2\sin\theta & r_2 r_3(1-\cos\theta) - r_1\sin\theta & (1-r_3^2)\cos\theta + r_3^2 \end{bmatrix} \quad (3\text{-}3)$$

最终,根据式(3-3)推导得出各参量之间的计算关系如下。

3个欧拉角的计算如下:

$$\psi = \arccos l,\ \varphi_1 = \arccos\frac{k}{\sqrt{h^2+k^2}} = \arcsin\frac{h}{\sqrt{h^2+k^2}},\ \varphi_2 = \arcsin\frac{w}{\sqrt{h^2+k^2}}$$

角轴对中4个参量的计算:

$$\theta = \arccos\frac{g_{11} + g_{22} + g_{33} - 1}{2},\ r = \left[(g_{32}-g_{23}),(g_{13}-g_{31}),(g_{21}-g_{12}) \right]$$

前面谈到了几种取向的数字表达方式,有时用数字表达很不直观,用二维极投影图可弥补这一不足。下面具体介绍极图的取向表达方式。

极图表示某一选定晶粒的某一选定晶面(如[001]晶面)相对于样品坐标系的位置关系,即晶体坐标[100]-[010]-[001]在样品坐标系 RD-TD-ND 中的位置。极图获取过程如下:将小单胞放在参考球的中心,以任意方位表示其在样品坐标系中取向,这时的(hkl)面平行轧面,(uvw)方向平行于轧向,然后用 3 个{100}极点(或 4 个{111} 极点,6 个(110)极点,12 个(112)极点及 24 个(123)极点)来表示单胞相对于样品坐标系的位置关系,如图 3-2 所示。

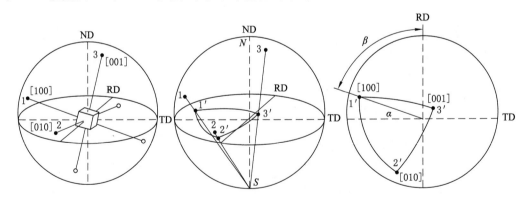

图 3-2 极图的形成原理

要作出单胞任意位置的某一特定晶面(例如(001)、(101)、(111))极图,首先要确定极点在极图中的位置。例如,(001)为投影面定位圆心,以 1 为半径,另一投影面(100)与(001)垂直,即落在圆周上,利用正交关系确定 X、Y 轴。通过计算任意晶面取向$(h_3 k_3 l_3)$分别与(100)与(001)的夹角 α、β,并代入式(3-4)及式(3-5),即可以获得任意晶面$(h_3 k_3 l_3)$的空间位置和极图中的位置。图 3-3 显示极点确定的示意图。

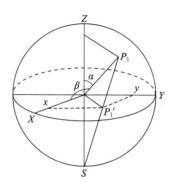

图 3-3　极点在投影图上的位置

$$(x,y,z) = \left(\cos\beta, \sqrt{1-(\cos^2\alpha + \cos^2\beta)}, \cos\alpha\right) \tag{3-4}$$

$$(x_1,y_1) = \left(\frac{\cos\beta}{1+\cos\alpha}, \frac{\sqrt{1-(\cos^2\alpha+\cos^2\beta)}}{1+\cos\alpha}\right) \tag{3-5}$$

此外,还可以借助矩阵(3-6)进行计算,其中 α、β 与前面不同,分别表示极轴与 ND 方向的夹角与极轴在投影面上投影与 RD 的夹角,(x,y,z) 是(100)、(010)、(001)取向的单位矢量(归一化处理),如图 3-2 所示。

$$\begin{bmatrix} \sin\alpha\cos\beta \\ \sin\alpha\sin\beta \\ \cos\alpha \end{bmatrix} = \begin{bmatrix} u & r & h \\ v & s & k \\ w & t & l \end{bmatrix}^{-1} \begin{bmatrix} x \\ y \\ z \end{bmatrix} = \begin{bmatrix} u & v & w \\ r & s & t \\ h & k & l \end{bmatrix} \begin{bmatrix} x \\ y \\ z \end{bmatrix} \tag{3-6}$$

若需要对某取向晶胞 $(hkl)[uvw]$ 的特殊晶面的极图进行计算,如(001)极图,只需要将 $(h_1k_1l_1)$ 和 $(h_2k_2l_2)$ 换成 $(hkl)[uvw]$,但需要归一化处理,分别计算(100)、(010)、(001)的位置。

3.2　马氏体取向关系分析

马氏体和母相之间的取向关系及马氏体片析出的惯习关系,是马氏体相变的两个根本特点。取向关系是指两相各有一个晶面和一个晶向彼此平行,惯习关系指新相的片状沿母相一定的晶面析出。在钢中低碳板条马氏体的惯习面是(111),片状马氏体的惯习面为(255)或(259),取向关系主要有 K-S 关系、N-W 关系、G-T 关系。

3.2.1　K-S 关系 24 种变体的认识及推导

K-S 关系:$\{111\}_r//\{011\}_m$,$<110>_r//<111>_m$,大多数钢中均存在 K-S 关系。马氏体多层次结构中,板条束表示具有相同惯习面的板条群,在同一板条束内存在六种不同的取向平行于同一惯习面,如图 3-4 所示,$V_1 \sim V_6$ 变体的对应关系。为了方便记忆,由图 3-4 可以看出,矩形的长边靠近母相取向的前端的,可以看成 $(111)_r//(011)_m$,$[110]_r//[\overline{1}11]_m$,记为 1、3、5 变体,即奇数;同理,矩形的长边远离母相取向的前端的,可以看成 $(111)_r//(011)_m$,$<110>_r//[\overline{11}1]_m$,记为 2、4、6 变体,即偶数。同时,由于立方点阵中 $\{111\}_r$ 晶面簇中有 4 种不同的晶面,每组晶面有 6 种不同的变体,所以 K-S 关系存在 24 种不同的取向,即 24 种变体 $(V_1 \sim V_{24})$,如表 3-1 所示。

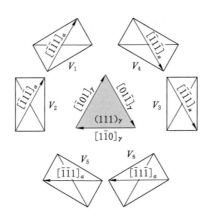

图 3-4 K-S 关系(111)$_r$惯习面下的六种变体分布

表 3-1 (001)[100]的奥氏体单晶相变得到的 24 种马氏体变体($M_1 \sim M_{24}$)

$$M_1 = \begin{bmatrix} 0.741 & -0.667 & -0.075 \\ 0.65 & 0.742 & -0.166 \\ 0.167 & 0.075 & 0.983 \end{bmatrix}$$
$$M_9 = \begin{bmatrix} 0.741 & 0.075 & -0.667 \\ 0.65 & 0.166 & 0.742 \\ 0.167 & -0.983 & 0.075 \end{bmatrix}$$
$$M_{17} = \begin{bmatrix} -0.741 & -0.075 & -0.667 \\ -0.65 & -0.166 & 0.742 \\ -0.167 & 0.983 & 0.075 \end{bmatrix}$$

$$M_2 = \begin{bmatrix} 0.075 & 0.667 & -0.741 \\ -0.166 & 0.742 & 0.65 \\ 0.983 & 0.075 & 0.167 \end{bmatrix}$$
$$M_{10} = \begin{bmatrix} 0.075 & 0.741 & 0.667 \\ -0.166 & -0.65 & 0.742 \\ 0.983 & -0.167 & 0.075 \end{bmatrix}$$
$$M_{18} = \begin{bmatrix} -0.075 & -0.741 & 0.667 \\ 0.166 & 0.65 & 0.742 \\ -0.983 & 0.167 & 0.075 \end{bmatrix}$$

$$M_3 = \begin{bmatrix} -0.667 & -0.075 & 0.741 \\ 0.742 & -0.166 & 0.65 \\ 0.075 & 0.983 & 0.167 \end{bmatrix}$$
$$M_{11} = \begin{bmatrix} -0.667 & -0.741 & -0.075 \\ 0.742 & -0.65 & -0.166 \\ 0.075 & -0.167 & 0.983 \end{bmatrix}$$
$$M_{19} = \begin{bmatrix} 0.741 & -0.075 & 0.667 \\ 0.65 & -0.166 & -0.742 \\ 0.167 & 0.983 & -0.075 \end{bmatrix}$$

$$M_4 = \begin{bmatrix} 0.667 & -0.741 & 0.075 \\ 0.742 & 0.65 & -0.166 \\ 0.075 & 0.167 & 0.983 \end{bmatrix}$$
$$M_{12} = \begin{bmatrix} 0.667 & -0.075 & -0.741 \\ 0.742 & 0.166 & 0.65 \\ 0.075 & -0.983 & 0.167 \end{bmatrix}$$
$$M_{20} = \begin{bmatrix} 0.075 & -0.741 & -0.667 \\ -0.166 & 0.65 & -0.742 \\ 0.983 & 0.167 & -0.075 \end{bmatrix}$$

$$M_5 = \begin{bmatrix} -0.075 & 0.741 & -0.667 \\ -0.166 & 0.65 & 0.742 \\ 0.983 & 0.167 & 0.075 \end{bmatrix}$$
$$M_{13} = \begin{bmatrix} 0.667 & 0.741 & -0.075 \\ -0.742 & 0.65 & -0.166 \\ -0.075 & 0.167 & 0.983 \end{bmatrix}$$
$$M_{21} = \begin{bmatrix} -0.667 & 0.741 & 0.075 \\ 0.742 & 0.65 & 0.166 \\ 0.075 & 0.167 & -0.983 \end{bmatrix}$$

$$M_6 = \begin{bmatrix} -0.741 & 0.075 & 0.667 \\ 0.65 & -0.166 & 0.742 \\ 0.167 & 0.983 & 0.075 \end{bmatrix}$$
$$M_{14} = \begin{bmatrix} -0.667 & 0.075 & -0.741 \\ -0.742 & -0.166 & 0.65 \\ -0.075 & 0.983 & 0.167 \end{bmatrix}$$
$$M_{22} = \begin{bmatrix} 0.667 & 0.075 & 0.741 \\ 0.742 & -0.166 & -0.65 \\ 0.075 & 0.983 & -0.167 \end{bmatrix}$$

$$M_7 = \begin{bmatrix} -0.075 & 0.667 & 0.741 \\ -0.166 & -0.742 & 0.65 \\ 0.983 & -0.075 & 0.167 \end{bmatrix}$$
$$M_{15} = \begin{bmatrix} 0.075 & -0.667 & 0.741 \\ 0.166 & 0.742 & 0.65 \\ -0.983 & 0.075 & 0.167 \end{bmatrix}$$
$$M_{23} = \begin{bmatrix} -0.075 & -0.667 & -0.741 \\ -0.166 & 0.742 & -0.65 \\ 0.983 & 0.075 & -0.167 \end{bmatrix}$$

$$M_8 = \begin{bmatrix} -0.741 & -0.667 & 0.075 \\ 0.65 & -0.742 & -0.166 \\ 0.167 & -0.075 & 0.983 \end{bmatrix}$$
$$M_{16} = \begin{bmatrix} 0.741 & 0.667 & 0.075 \\ -0.65 & 0.742 & -0.166 \\ -0.167 & 0.075 & 0.983 \end{bmatrix}$$
$$M_{24} = \begin{bmatrix} -0.741 & 0.667 & -0.075 \\ 0.65 & 0.742 & 0.166 \\ 0.167 & 0.075 & -0.983 \end{bmatrix}$$

马氏体相变的晶体学取向变化可以用矩阵来表示[式(3-7)]，$\boldsymbol{T}$ 是转换矩阵，$\boldsymbol{M}$、$\boldsymbol{A}$ 分别表示马氏体奥氏体的晶体学取向矩阵，则取向矩阵 $\boldsymbol{T}$ 由式(3-8)计算。这里以变体 V_1 为例，即 $(111)_r // (011)_m$，$[10\bar{1}]_r // [\bar{1}11]_m$，对该矩阵进行归一化处理，计算过程如式(3-9)所示。但必须注意两点：当母相的晶面变化时，其取向也发生相应的变化，如图 3-5 所示，各取向的方向为正对平面法向时的顺时针方向；其次，所确定的正交矩阵一定满足右手定则，同时正交矩阵中式(3-2)的 (r,s,t) 等于 (h,k,l) 与 $[u,v,w]$ 叉乘，如式(3-10)所示。

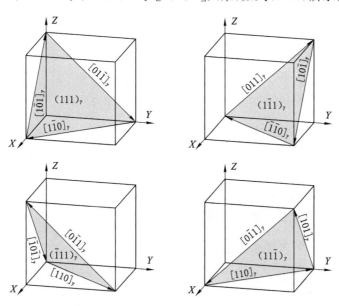

图 3-5　母相晶胞的惯习面与晶体取向

$$\boldsymbol{M} = \boldsymbol{TA} \qquad (3\text{-}7)$$

$$\boldsymbol{T} = \boldsymbol{MA}^{-1} \qquad (3\text{-}8)$$

$$\begin{bmatrix} -1 & 1 & 1 \\ 0 & -2 & 1 \\ 1 & 1 & 1 \end{bmatrix}_r \Rightarrow \begin{bmatrix} -1 & 2 & 0 \\ -1 & -1 & 1 \\ 1 & 1 & 1 \end{bmatrix}_m$$

归一化：

$$\begin{bmatrix} -0.707 & 0.408 & 0.577 \\ 0 & -0.816 & 0.577 \\ 0.707 & 0.408 & 0.577 \end{bmatrix}_r \overset{\text{T}}{\Rightarrow} \begin{bmatrix} -0.577 & 0.816 & 0 \\ -0.577 & -0.408 & 0.707 \\ 0.577 & 0.408 & 0.707 \end{bmatrix}_m$$

$$\boldsymbol{T}_1 = \boldsymbol{MA}^{-1} = \begin{bmatrix} -0.577 & 0.816 & 0 \\ -0.577 & -0.408 & 0.707 \\ 0.577 & 0.408 & 0.707 \end{bmatrix}_m \begin{bmatrix} -0.707 & 0.408 & 0.577 \\ 0 & -0.816 & 0.577 \\ 0.707 & 0.408 & 0.577 \end{bmatrix}_r^{-1}$$

$$= \begin{bmatrix} 0.741 & -0.667 & -0.075 \\ 0.65 & 0.742 & -0.166 \\ 0.167 & 0.075 & 0.983 \end{bmatrix} \qquad (3\text{-}9)$$

$$\begin{bmatrix} r \\ s \\ t \end{bmatrix} = \begin{bmatrix} e_1 & e_2 & e_3 \\ h & k & l \\ u & v & w \end{bmatrix} = \begin{bmatrix} kw - lv \\ lu - hw \\ hv - ku \end{bmatrix} \qquad (3\text{-}10)$$

马氏体 24 种变体的命名也存在一定的规律,为方便理解,这里结合图 3-5 说明:以 $(111)_r$ 晶面中的取向为参考,即 $[\overline{1}01]_r$、$[01\overline{1}]_r$、$[\overline{1}10]_r$,在 $(1\overline{1}1)_r$、$(\overline{1}11)_r$、$(11\overline{1})_r$ 中分别存在一个取向与 $(111)_r$ 的一个取向平行且方向相反,分别为 $[10\overline{1}]_r$、$[0\overline{1}1]_r$、$[1\overline{1}0]_r$,然后以此为起点,如 V_7、V_{13}、V_{17},以正对平面法向时的顺时针方向取向开始编号。

利用前面计算的取向矩阵 $\mathbf{T}$,可以计算从单一奥氏体晶粒的任意取向相变得到的 24 种不同的马氏体变体($M_1 \sim M_{24}$)。很多文献[2,15,17]都以奥氏体的简单取向 $(001)[100]$ 为例验算,本书也用该取向进行验证计算。于是,得到奥氏体的取向,如式(3-11)所示。同时,利用式(3-6)进行计算,得到 $(001)[100]$ 的奥氏体单晶相变得到的 24 种马氏体变体,如表 3-1 所示。

$$\mathbf{A} = \begin{bmatrix} u & r & h \\ v & s & k \\ w & t & l \end{bmatrix}_r = \begin{bmatrix} 1 & 0 & 0 \\ 0 & 1 & 0 \\ 0 & 0 & 1 \end{bmatrix}_r \qquad (3\text{-}11)$$

3.2.2 K-S 关系 24 种变体{001}极图的计算

接下来,我们将利用前面提到的方法计算和绘制得到 $(001)[100]$ 的奥氏体单晶相变得到的 24 种马氏体变体的 {001} 极图。通过观察发现,每个变体在 {001} 极图中存在 3 个极点,即 (100)、(010)、(001)。要确定每个极点在投影面上的位置,需要计算每个极点的横坐标、纵坐标,即图 3-6(b) 中 $P_1(x, y)$。前面提到的式(3-4)、式(3-5)和式(3-6)虽然提供了计算方法,但是无法准确地确定 y 的正负值,本书重新对该方法进行了推导。

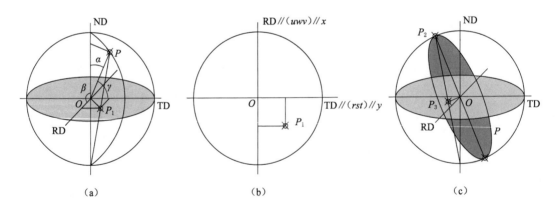

图 3-6　极点位置的计算图解

图 3-6 显示了极点位置的计算方法。由图 3-6(a)可知,样品坐标系的三根轴 ND、RD、TD 分别平行于晶胞三个方向 (hkl)、(uvw)、(rst),投影面由 RD-TD 组成,P 点为晶体某晶面在参考球上的位置,P_1 点就是 P 点在投影面上的投影。极轴 OP 与 ND、RD、TD [即 (hkl)、(uvw)、(rst)]三轴的夹角分别为 α、β、γ,该研究中 α、β、γ 分别通过 $(h_1 k_1 l_1)\{(100)$、(010)、(001)\}$ 与每一个变体中的 (hkl)、(uvw)、(rst) 的向量夹角公式计算得到,式(3-12)

所示为 β 的计算公式。这里要注意三个角的取值范围,其大小决定了 x、y 值的正负:α 的大小在 $0°\sim90°$ 之间变化,当其大于 $90°$ 时,表明 P 点在参考球的下方,如图 3-6(c)所示,此时需通过对称至 P_2 点确定 P 点的投影位置,与此同时其坐标 (x,y) 全变成计算值的相反数,对应投影点所在的象限通过对称到另一象限;β、γ 均在 $0°\sim180°$ 之间变化,小于 $90°$ 时 x、y 值为正,反之为负。然后,根据直角三角形的性质,x、y 值得到计算,如式(3-13)所示。同时,由于 $(h_1 k_1 l_1)$ 的特殊性及 (hkl)、(uvw)、(rst) 矩阵都经归一化处理,所以 α、β、γ 被进一步简化求解,如式(3-14)所示。

$$\cos\beta = \frac{h_1 u + k_1 v + l_1 w}{\sqrt{h_1^2 + k_1^2 + l_1^2} \cdot \sqrt{u^2 + v^2 + w^2}} \tag{3-12}$$

$$x = \frac{\cos\beta}{1 + \cos\alpha}$$

$$y = \frac{\cos\gamma}{1 + \cos\alpha} \tag{3-13}$$

$$\cos\alpha = h, k \text{ 或 } l; \cos\beta = u, v \text{ 或 } w; \cos\gamma = r, s \text{ 或 } t \tag{3-14}$$

图 3-7 显示了板条马氏体 K-S 关系 24 种变体的(001)标准极图,其中图 3-7(a)是根据前面的理论推导及计算并采用 CAD 绘制的(001)标准极图,而图 3-7(b)是来自文献[2,15]利用软件绘制的标准极图。对比两个极图可知,24 种变体各极点的分布位置完全一致,充分表明前面理论计算及推导的可行性和正确性。仔细观察两个标准极图不难发现,极点 1 与 8、16、24,极点 2 与 7、15、23,极点 3 与 12、14、22,极点 4 与 11、13、21,极点 5 与 10、18、20,极点 6 与 9、17、19 处于轴对称或中心对称位置。所以,在 EBSD 取向分析中,一个马氏体束结构中只有六种颜色与之对应,表明一个马氏体束或相同惯习面下中最多只有六种取向结构(变体),但在不同的材料、组织状态中不一定完全出现。

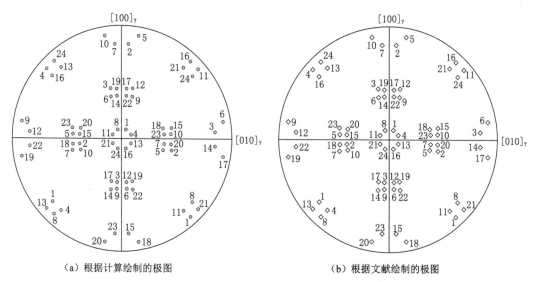

(a) 根据计算绘制的极图　　　　　　(b) 根据文献绘制的极图

图 3-7　(001)标准极图

此外,极图表示晶体坐标系和样品坐标系之间的关系,即晶体坐标系在样品坐标系中的位置。若绘制某晶体取向 $(hkl)[uvw]$ 的(001)极图,首先确定其轧面和轧向,即 (hkl) //

ND,[uvw]//RD,然后根据(001)极图的三个极点(表示晶体取向)与其轧面和轧向的关系对某晶体取向三个极点在样品坐标系中的位置进行确定。本书中,关于板条马氏体的K-S关系,也是根据该方法确定的,但值得注意的是:板条马氏体的K-S关系各变体轧面和轧向的确定取决于原奥氏体的取向特点,即(001)[100],这是由于马氏体相变模式(共格切变)所决定的,再将各变体的取向对前面提到的(hkl)[uvw]进行代换,并代入式(3-5)或式(3-13)就能确定每个变体取向在样品坐标系 ND-RD-TD 中的位置。

同时,对于取向的图形表示,还可以用反极图进行表示。与极图不同,反极图表示平行于材料中某特定外观特征取向,如 ND、RD 在晶体坐标系的分布图形,其位置可以通过式(3-6)进行确定,但不同的是中间的转换矩阵并不是逆矩阵,而是转换矩阵本身,这里不再进一步讨论。

3.2.3 立方结构晶体对称性

立方结构晶体具有高度对称性,其晶体结构可以借助绕螺旋轴旋转一定角度($360°/n$,n表示螺旋旋转轴的次数)并沿轴平移一定距离而与原来的晶体位置重合。这些对称性的存在导致多种对称取向(如图 3-8 所示,立方体绕 [001] 轴旋转 90°,其取向发生了改变,但在空间的形态没有变化),例如立方晶体结构存在 24 种由对称关系导致的等效取向,密排六方结构中存在 12 种对称取向。

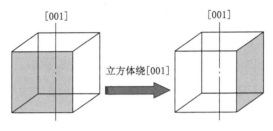

图 3-8 等效取向矩阵的图解

为了进一步了解晶体对称性,利用图形的矩阵变换法性进行操作,即"[原来的图形坐标矩阵] · [变换矩阵]=[变换后图形坐标矩阵]"。该研究采用三维基本转换矩阵的组合对晶体的对称性进行计算,如式(3-15)所示。三维转换矩阵为 4×4 方阵,由四部分组成:① $\begin{bmatrix} a & b & c \\ d & e & f \\ h & i & j \end{bmatrix}^{3×3}$ 方阵,主要表示图形的比例、反射、旋转和错切等变换;② $\begin{bmatrix} l & m & n \end{bmatrix}^{1×3}$ 矩阵,用于图形的平移变换,l、m、n 表示图形分别沿 x、y、z 平移 l、m、n 个单位;③ $\begin{bmatrix} p & q & r \end{bmatrix}^{T}$ 用于三维图形的透视变换;④ $[s]^{1×1}$ 用于三维图形的整体缩放变换,与①中的比例变换不同,①中的比例变换表示图像沿三维空间的三个方向缩放,当 $a=e=j$ 时,图形在三个方向的比例变换相同,反之则表示图形产生畸变。这里将单一的旋转、反射、平移等变换看作最基本的转换,任何一个复杂的变化都由各种基本转换组合而成,但组合矩阵的计算顺序不得随意调换。本研究中,由于只考虑晶体的旋转变形,所以只选用①中 3×3 方阵进行推导。图 3-9 所示为矢量的旋转变换示意图,某单位矢量 OP 是过原点的任意矢量,其三轴的坐标为(uvw),同时该矢量与三轴的夹角分别为 α、β、γ,然后某取向晶体 OP 旋转

θ，已知 $\cos \alpha = u, \cos \beta = v, \cos \gamma = w$。具体计算过程如下。

$$T = \begin{bmatrix} a & b & c & p \\ d & e & f & q \\ h & i & j & r \\ l & m & n & s \end{bmatrix}_{4 \times 4} \tag{3-15}$$

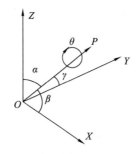

图 3-9　晶体对称变换的示意图

假设在 Z 轴上取单位矢量 r，使 r 绕 Y 轴旋转 θ_1，再绕 Z 轴旋转 θ_2 后与矢量 OP 重合。同时，绕 Y 轴和 Z 轴旋转的基本矩阵如式（3-16）所示。则通过三维基本转换矩阵的组合得到矢量 r 旋转到与 OP 重合的转换矩阵被计算，如式（3-17）所示。

$$\begin{aligned} T = T_Y \cdot T_Z &= \begin{bmatrix} \cos \theta_1 & 0 & -\sin \theta_1 \\ 0 & 1 & 0 \\ \sin \theta_1 & 0 & \cos \theta_1 \end{bmatrix} \begin{bmatrix} \cos \theta_2 & \sin \theta_2 & 0 \\ -\sin \theta_2 & \cos \theta_2 & 0 \\ 0 & 0 & 1 \end{bmatrix} \\ &= \begin{bmatrix} \cos \theta_1 \cos \theta_2 & \cos \theta_1 \sin \theta_2 & -\sin \theta_1 \\ -\sin \theta_2 & \cos \theta & 0 \\ \sin \theta_1 \cos \theta_2 & \sin \theta_1 \sin \theta_2 & \cos \theta_1 \end{bmatrix} \end{aligned} \tag{3-16}$$

$$T_Y = \begin{bmatrix} \cos \theta_1 & 0 & -\sin \theta_1 \\ 0 & 1 & 0 \\ \sin \theta_1 & 0 & \cos \theta_1 \end{bmatrix}, \quad T_Z = \begin{bmatrix} \cos \theta_2 & \sin \theta_2 & 0 \\ -\sin \theta_2 & \cos \theta_2 & 0 \\ 0 & 0 & 1 \end{bmatrix} \tag{3-17}$$

然后：

$$OP = r \cdot T = [0,0,1] \begin{bmatrix} \cos \theta_1 \cos \theta_2 & \cos \theta_1 \sin \theta_2 & -\sin \theta_1 \\ -\sin \theta_2 & \cos \theta & 0 \\ \sin \theta_1 \cos \theta_2 & \sin \theta_1 \sin \theta_2 & \cos \theta_1 \end{bmatrix} = [u,v,w] \tag{3-18}$$

所以，$u = \cos \alpha = \sin \theta_1 \cos \theta_2, v = \cos \beta = \sin \theta_1 \sin \theta_2, w = \cos \gamma = \cos \theta_1$。

将晶体与 OP 一起反向旋转，即先绕 Z 轴旋转 $-\theta_2$，再绕 Y 轴旋转 $-\theta_1$，使之与 Z 轴重合；变换后的晶体绕 Z 轴旋转 θ；旋转后的整体再绕 Y 轴旋转 θ_1，绕 Z 轴旋转 θ_2 回到原来的位置，其转换矩阵如式（3-19）所示。

$$\boxed{绕\,Z\,轴旋转\,-\theta_2} \longrightarrow \boxed{绕\,Y\,轴旋转\,-\theta_1} \longrightarrow \boxed{绕\,Z\,轴旋转\,\theta} \longrightarrow$$

$$T = \begin{bmatrix} \cos(-\theta_2) & \sin(-\theta_2) & 0 \\ -\sin(-\theta_2) & \cos(-\theta_2) & 0 \\ 0 & 0 & 1 \end{bmatrix} \begin{bmatrix} \cos(-\theta_1) & 0 & -\sin(-\theta_1) \\ 0 & 1 & 0 \\ \sin(-\theta_1) & 0 & \cos(-\theta_1) \end{bmatrix} \begin{bmatrix} \cos \theta & \sin \theta & 0 \\ -\sin \theta & \cos \theta & 0 \\ 0 & 0 & 1 \end{bmatrix}$$

$$\boxed{绕\ Y\ 轴旋转\ \theta_1} \longrightarrow \boxed{绕\ Z\ 轴旋转\ \theta_2}$$

$$\begin{bmatrix} \cos\theta_1 & 0 & -\sin\theta_1 \\ 0 & 1 & 0 \\ \sin\theta_1 & 0 & \cos\theta_1 \end{bmatrix} \begin{bmatrix} \cos\theta_2 & \sin\theta_2 & 0 \\ -\sin\theta_2 & \cos\theta_2 & 0 \\ 0 & 0 & 1 \end{bmatrix} \tag{3-19}$$

最后将前面的已知条件代入式(3-19)得到式(3-20),即通过式(3-19)中的转换矩阵就可以计算得出某一晶体取向的等效取向,该计算结果与杨平[2]的结论一致。

$$\boldsymbol{T} = \begin{bmatrix} u^2+(1-u^2)\cos\theta & uv(1-\cos\theta)+w\sin\theta & uw(1-\cos\theta)-v\sin\theta \\ uv(1-\cos\theta)-w\sin\theta & v^2+(1-v^2)\cos\theta & vw(1-\cos\theta)+u\sin\theta \\ uw(1-\cos\theta)+v\sin\theta & vw(1-\cos\theta)-u\sin\theta & w^2+(1-w^2)\cos\theta \end{bmatrix}$$

$$= \cos\theta \begin{bmatrix} 1 & 0 & 0 \\ 0 & 1 & 0 \\ 0 & 0 & 1 \end{bmatrix} + (1-\cos\theta) \begin{bmatrix} u^2 & uv & uw \\ uv & v^2 & vw \\ uw & vw & w^2 \end{bmatrix} + \sin\theta \begin{bmatrix} 0 & w & -v \\ -w & 0 & u \\ v & -u & 0 \end{bmatrix} \tag{3-20}$$

前面提到立方结构晶体具有高度的对称性,其对称元素有 3 个 4 次轴,4 个 3 次轴,6 个 2 次轴,即每个单晶的取向存在 $4\times3\times2=24$ 种等效取向,其在极图中的位置相同,这 24 个等效矩阵或位置可以通过式(3-19)进行计算。24 种等效等效变换分别是 9 个 4 次旋转轴 $(4_{[100]}^1,4_{[100]}^2,4_{[100]}^3;\ 4_{[010]}^1,4_{[010]}^2,4_{[010]}^3;\ 4_{[001]}^1,4_{[001]}^2,4_{[001]}^3)$,8 个 3 次旋转轴 $(3_{[111]}^1,3_{[111]}^2;\ 3_{[11\bar{1}]}^1,3_{[11\bar{1}]}^2;\ 3_{[1\bar{1}1]}^1,3_{[1\bar{1}1]}^2;\ 3_{[\bar{1}11]}^1,3_{[\bar{1}11]}^2)$,6 个 2 次轴 $(2_{[110]},2_{[1\bar{1}0]},2_{[101]},2_{[10\bar{1}]},2_{[011]},2_{[01\bar{1}]})$,还有 1 次等效转换。这里对前面的数字符号进行解释:4、3、2、1 次旋转轴分别表示某取向晶体绕其旋转轴(符号右下方的矩阵旋转轴,如 [111]、[001] 等)旋转 4、3、2、1 次与原位置重合,每次旋转的角度为 90°、120°、180°和 360°,通过不同的旋转方式(符号右上角的 1,2 表示左旋和右旋;3 表示左右旋转结果相同,相当于左右各旋转了 180°获得 24 种等效矩阵。

3.2.4 马氏体 24 种变体的取向差

前面提到马氏体转变的晶体学特点是新相和母相存在着一定的取向关系,这些取向关系使马氏体相变形核和长大界面能和体积应变能尽量低。同时,马氏体的变体之间也存在相应的组合[19],使得板条(单晶)之间保持小角度界面,进一步降低了马氏体相变形核、长大界面能和体积应变能。变体之间的取向差的理论值利用式(3-21)进行计算,其表示其他 23 种变体相对于变体 V_1 取向差,若将 $\boldsymbol{M}_1$ 换成 $\boldsymbol{M}_2$,则表示其他变体相对 $\boldsymbol{M}_2$ 的取向。式中 $\boldsymbol{M}_n$ 为表 3-1 中的 24 种取向矩阵,$\boldsymbol{T}_n$ 是马氏体 24 种变体的转换矩阵。

$$\boldsymbol{R}_{1 \to n} = \boldsymbol{M}_n \cdot \boldsymbol{M}_1^{-1} = (\boldsymbol{T}_n \boldsymbol{A})(\boldsymbol{T}_1 \boldsymbol{A})^{-1} = \boldsymbol{T}_n \boldsymbol{T}_1^{-1} = \begin{bmatrix} g_{11} & g_{12} & g_{13} \\ g_{21} & g_{22} & g_{23} \\ g_{31} & g_{32} & g_{33} \end{bmatrix} \tag{3-21}$$

但立方晶系的高度对称性,导致马氏体的每种变体均存在 24 种等效取向,这 24 种等效取向的位向不同导致每一种变体存在不同的取向差。为了便于计算,文献[20]提到以变体 V_1 为参考,计算其他变体的 23 种等效取向角。利用取向转换矩阵[式(3-22)],结合 24 种等效转换矩阵计算得到每一种变体的 24 种等效取向矩阵 $\boldsymbol{M}_{n-i}$,然后将 $\boldsymbol{M}_{n-i}$ 替换式(3-21)中 $\boldsymbol{M}_n$ 对每一种变体的 24 种等效取向计算其转换矩阵 $\boldsymbol{R}_{1 \to n}$,最后计算得到具有最小取向角的等效矩阵作为该变体的矩阵参与计算旋转轴和取向角,且此时的取向为该变体的取向。其中变体的取向角与旋转轴计算方法($\boldsymbol{R}_{1 \rightarrow n}$ 经归一化处理)如式(3-23)所示,计算得到各变体(2~24)与变体 V_1 之间的取向差、旋转轴及相对于变体 V_1 的其他变体的取向。

$$\boldsymbol{M}_{n-i} = \boldsymbol{C}_i \boldsymbol{M}_n \quad (n = 2 \sim 24, i = 1 \sim 24) \tag{3-22}$$

$$\theta = \arccos \frac{|g_{11} + g_{22} + g_{33}| - 1}{2}$$

$$\boldsymbol{r} = \left[(g_{23} - g_{32}), (g_{31} - g_{13}), (g_{12} - g_{21}) \right] (归一化处理) \tag{3-23}$$

通过计算可知,变体 2 的 24 种等效取向中与 V_1 之间最小的取向角为 60°,且存在两种等效取向,这里 $|g_{11} + g_{22} + g_{33}|$ 加了绝对值进行修正,目的是保证 $-1 \leqslant \cos\theta \leqslant 1$。计算结果与相关文献[20]基本吻合,但略有偏差,原因是本书中的计算没有忽略数据差异(如 0.166 与 0.167,或 0.741 与 0.742),是马氏体取向的真实反映。

同理,利用以上方法,分别以 $V_i(i = 1 \sim 24)$ 为参考取向,计算其他取向 $V_j(j = 1 \sim 24)$ 与 V_i-$V_j(i \neq j)$ 的取向差及旋转轴。计算发现存在以下规律:① 当 i 同为奇数或偶数时,其参考取向下的 23 种取向差及旋转轴的类型相同,只是对应的取向 j 不同。② 计算时数值上存在一点差异,如 10.49° 与 10.53°,其马氏体 K-S 关系的取向差基本包含 10.49°,10.53°,14.88°,20.59°,20.61°,21.06°,47.15°,47.18°,49.50°,49.54°,50.52°,50.54°,50.55°,57.21°,57.25°,57.28° 及 60°。虽然取向角之间一般仅相差 0.1°~0.5°,但是其旋转轴的方向却存在较大差异,如 50.52°($-0.615, 0.186, -0.766$) 与 50.54°($-0.739, -0.462, 0.491$);数值上,V_i-V_j 与 V_j-V_i 之间的取向差相同,但旋转轴属于同一晶带轴,有时方向相反。③ V_1-V_2 与 V_2-V_1,V_3-V_4 与 V_4-V_3,V_5-V_6 与 V_6-V_5,V_7-V_8 与 V_8-V_7,V_9-V_{10} 与 V_{10}-V_9,V_{11}-V_{12} 与 V_{12}-V_{11},V_{13}-V_{14} 与 V_{14}-V_{13},V_{15}-V_{16} 与 V_{16}-V_{15},V_{17}-V_{18} 与 V_{18}-V_{17},V_{19}-V_{20} 与 V_{20}-V_{19},V_{21}-V_{22} 与 V_{22}-V_{21} 和 V_{23}-V_{24} 与 V_{24}-V_{23} 均存在两个等效取向,且两个取向的取向角都是 60°,而旋转轴的方向相反,但总的来说旋转轴数值上都等于($0.577, 0.577, 0.577$)。④ 15°以上的取向差占了 83%,15°以下的只用 17%,包括 10.5° 和 14.88°,实际条件下可能存在一些偏差。同时,有研究表明,55°以上为马氏体块界的取向,15°以下为板条界取向。

为了能够清楚地分辨各变体之间的取向关系,这里对各变体之间的取向角和旋转轴进行分类。结果表明:两变体之间的取向关系共分为 15 类,多数为大角度取向。最大取向角为 60°,其旋转轴分别为 <011> 和 <111>,其中 <111>/60° 为体心立方结构中的孪晶取向。实际的相变过程中,这些取向关系可能存在偏差,随后利用 EBSD 进行验证。

综上所述,通过理解和计算,从原理上推导了奥氏体取向为(001)[100]马氏体相变满足 K-S 关系的 24 种变体的极图位置及取向差,与前人的研究具有很好的一致性。同时,通过该方法可以推广到 N-W 关系、孪晶取向关系及其他奥氏体取向的相变。此外,还可以确定(110)、(111)极图。

3.3　20CrNi2Mo 钢 EBSD 分析

根据前面的计算和分析结果,以 20CrNi2Mo 钢为研究对象,利用 EBSD 分析软件对马氏体取向的特点及应用进行研究。其中,EBSD 分析中晶体取向主要通过欧拉角、角轴对、极图与反极图进行研究。

3.3.1 20CrNi2Mo 钢的取向分析

众所周知,低碳板条马氏体钢的多层次结构主要有原奥氏体晶粒、马氏体束、块及板条组成。通常,马氏体束结构是具有相同惯习面的板条群,块是相同惯习面下的具有相同取向的束结构,板条是单晶结构,而原奥氏体晶界、束界及块界均属于大角度界面,板条属于小角度界面。相对于变体来说,若两相邻变体取向差为 60°左右,则对应了马氏体块界;若两相邻变体取向差小于 15°,则对应了马氏体板条;马氏体束界和晶界与变体的取向无关。

为了进一步验证前面的结论,本书利用 EBSD 分析软件对试验钢的界面取向差及分布进行定量表征,如图 3-10 所示。以图 3-10(a)中的 A、B 区域为例,A 区的 1、2、3 为马氏体块界,其取向角均在 55°以上,而 4 为晶界,取向角在 55°以下,如图 3-10(b)所示;B 区 3、4 为马氏体束界,其取向角也均在 55°以下,如图 3-10(c)所示。同时还可以看出,马氏体块中分布一定数量的板条,它们均为小角度晶界,取向角均在 15°以下,甚至更低,如图 3-10(b)中 1 和 2 之间的区域所示。利用 Tango 分析软件将取向角显示在图 3-10(d)中,晶界、束界及块界取向角清晰可见。本书对约 200 个原奥氏体晶界、200 个马氏体束界、200 个马氏体块界及 150 个条界进行统计分析,如图 3-11 所示,统计结果与前面的分析相吻合。

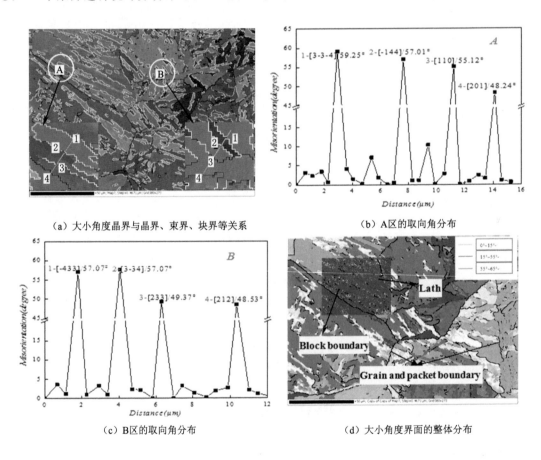

（a）大小角度晶界与晶界、束界、块界等关系   （b）A区的取向角分布

（c）B区的取向角分布   （d）大小角度界面的整体分布

图 3-10 大小角度晶界的状态及分布

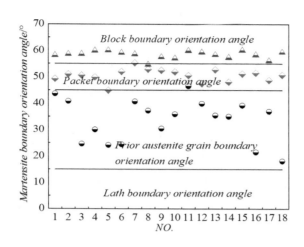

图 3-11　大小角度取向角与晶界、束界及块界的关系

此外,本书利用 EBSD 中分析软件 Tango 对试验钢不同工艺下的取向角分布进行分析,如图 3-12 所示。结果表明:试验钢的取向角分布基本一致,均为 0.8°~62.5°。根据马氏体多层次组织及变体取向的特征,这里将取向角分为 3 部分,即取向角 $\theta<15°$,$15°<\theta<55°$,$\theta>55°$。取向角 $\theta<15°$ 被定义为小角度晶界,其为马氏体板条界;$15°<\theta<55°$ 的界面属于原奥氏体晶界、马氏体束界;$\theta>55°$ 对应马氏体块界。

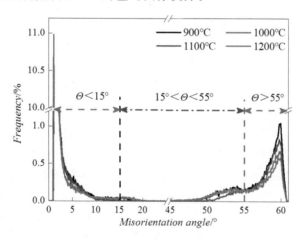

图 3-12　试验钢取向角的分布

前人的研究已经发现,马氏体相变为共格无扩散型相变,其相变的形核过程应当遵循能量最低原则,为了获得较小的界面能和体积应变能,马氏体微观组织组织种往往存在两种较多的界面,即小角度界面和孪晶界面,本书将其定义为低能界面(LEBs)。通过定量表征,如图 3-13 所示,可以发现在 20CrNi2Mo 钢中,不管是粗晶还是细晶,其低能界面均高达 85% 以上,而且随着淬火温度的增加、晶粒的粗化,其所占比例更大。低能界面的产生,与马氏体变体的组合相关。

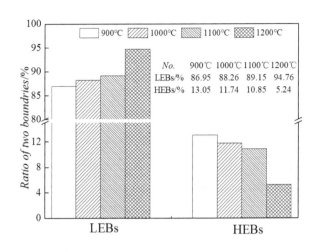

图 3-13 试验钢低能界面的 EBSD 分析

3.3.2 20CrNi2Mo 钢变体分析及应用

为了分析试验钢的变体情况,在 EBSD 后处理中,需要对样品的坐标系进行调整,使之与标准坐标系的极点对应,这样才能更好地对变体的类型及惯习面进行判定。同时,为了在极图中更好地观察变体的类型,我们将对应的极点用曲线连接成三角形,这是为了在(001)极图中使每个取向有三个极点与之对应。

图 3-14 分别显示了试样 900 ℃和 1 200 ℃的取向分布图及整体、局部区域的极图,其中局部区域为(a)、(b)中白虚线下的区域,表示马氏体束结构,具有相同惯习面(111),通过旋转并对比前面标准极图和表 3-1 获得。通过观察,可以得出以下结论:

(1) 对比图 3-14(c)或(d)中整体和局部区域的极图可见,局部区域极图中极点较少,且与变体存在明显的对应关系,而整体极图中极点较多,这可能是包含了多个惯习面的缘故。若要判断其他束结构的惯习面,则需要保持旋转后的坐标不变,通过其他区域极点对变体类型进行判断,进而获取惯习面的类型。值得注意的是,试验钢的惯习面、变体类型是相对的,与选择的坐标有关,但一个惯习面下的变体种类是绝对的,其种类最多不超过 6 种。

(2) 对比粗晶和细晶[图 3-14(c)和(d)局部区域极图]状态下试验钢的变体可知,细晶中并不完全包含 6 种变体,只有 4 种,即 V_1、V_2、V_3、V_4,其中 V_1、V_2、V_3 较多,而 V_4 较少,如图 3-14(a)所示;粗晶种包含 6 种变体,但其主要变体为 V_1、V_5、V_6,V_4 次之,V_2、V_3 较少,如图 3-14(b)所示。

(3) 由试验钢单个束结构的(100)、(111)极图明显可以看出,变体之间的取向差,如 V_1-V_4、V_2-V_5、V_3-V_6 呈小角度取向关系,而 V_1-V_2、V_1-V_3、V_1-V_5、V_2-V_4 等呈大角度界面关系,其与前面的计算结果一致。

此外,本书通过 EBSD 的取向分析,还可以讨论不同工艺下结构的有序性,以及裂纹扩展的应变分析,后面的章节中进行讨论。实际条件下,试验钢的变体的取向与标准极图存在偏差,这里不做深入讨论。

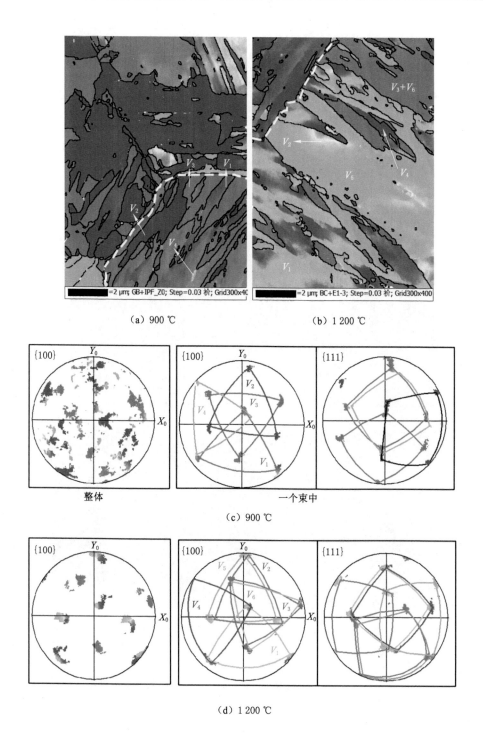

(a) 900 ℃　　　　　　　　　(b) 1 200 ℃

(c) 900 ℃

(d) 1 200 ℃

图 3-14　EBSD 取向分析及对应区域的(001)、(111)极图

3.4 20CrNi2Mo 钢多层次组织研究

3.4.1 试验钢多层次组织的定量分析

板条马氏体钢多层次微观结构包括原奥氏体晶粒、马氏体束、块及板条,本书分别利用 OM、SEM、EBSD 及 TEM 对马氏体多层次组织进行表征,并采用截线法对原奥氏体晶粒,马氏体束、块及板条进行定量分析。图 3-15 至图 3-18 显示了不同淬火温度下的马氏体多层次组织。这里分别对 400 个原奥氏体晶粒、300 个马氏体束、300 个块和 150 个马氏体板条进行统计分析,结果显示在表 3-2 和图 3-19 中。

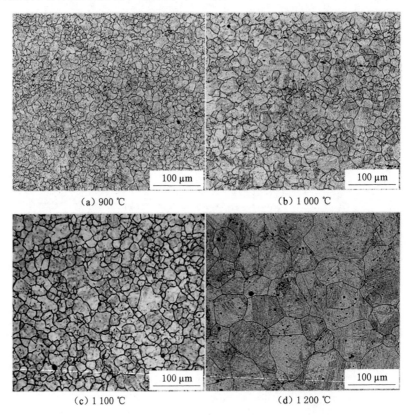

(a) 900 ℃   (b) 1 000 ℃

(c) 1 100 ℃   (d) 1 200 ℃

图 3-15　不同淬火温度下试验钢原奥氏体晶粒的 OM 图

表 3-2　20CrNi2Mo 钢原奥氏体晶粒,马氏体束、块及板条尺寸

	晶粒尺寸 $d_r/\mu m$	束尺寸 $d_p/\mu m$	块尺寸 $d_b/\mu m$	板条尺寸 $d_l/\mu m$
900 ℃	11.7	5.94	1.38	0.277
1 000 ℃	16.3	8.25	1.74	0.263
1 100 ℃	19.8	11.01	2.29	0.257
1 200 ℃	110.3	32.56	5.14	0.246

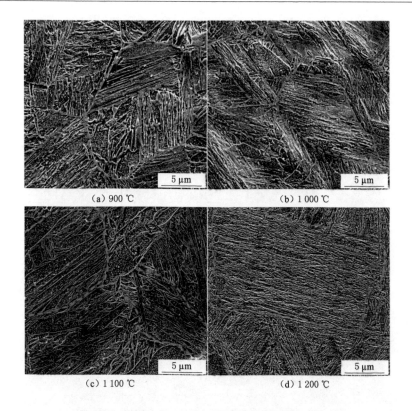

(a) 900 ℃　　　　　　　　　(b) 1 000 ℃

(c) 1 100 ℃　　　　　　　　　(d) 1 200 ℃

图 3-16　不同淬火温度下试验钢马氏体束的 SEM 图

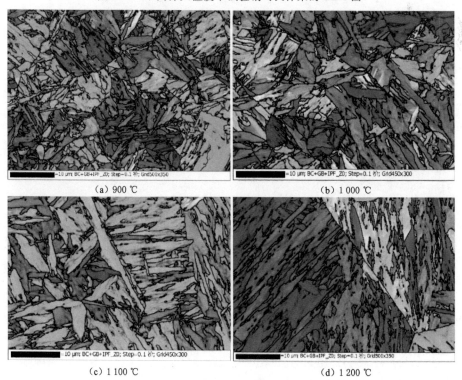

(a) 900 ℃　　　　　　　　　(b) 1 000 ℃

(c) 1 100 ℃　　　　　　　　　(d) 1 200 ℃

图 3-17　不同淬火温度下试验钢马氏体块的 EBSD 图

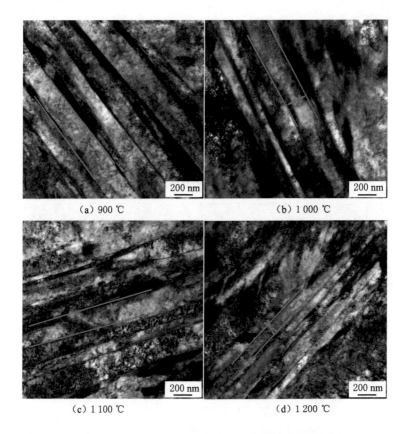

（a）900 ℃   （b）1 000 ℃

（c）1 100 ℃   （d）1 200 ℃

图 3-18　不同淬火温度下试验钢马氏体板条的 TEM 图

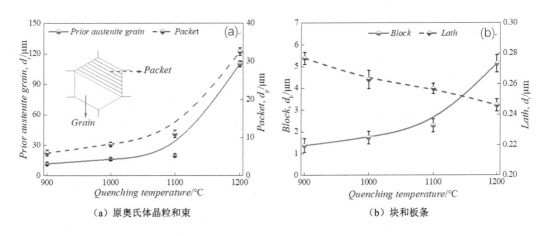

（a）原奥氏体晶粒和束   （b）块和板条

图 3-19　淬火温度对马氏体多层次组织的影响

　　根据前面的分析,明显可看出试验钢的原奥氏体晶粒随淬火温度的提高而增加,但在 900～1 100 ℃,原奥氏体增加较缓慢,当温度超过 1 100 ℃时,其尺寸迅速长大。从 900 ℃ 到 1 200 ℃,晶粒尺寸从 11.7 μm 增加到 110.3 μm,增加了 8.43 倍。其可能原因是大多数碳化物在 1 000 ℃开始溶解,在 900～1 100 ℃之间部分溶解,当温度达到 1 100 ℃或 1 150 ℃ 时,试验钢的碳化物趋于全部溶解[21-22]。所以,碳化物的溶解程度不同,导致第二相颗粒对晶界的钉扎作用逐渐减弱[23],从而导致晶粒不同程度长大。

马氏体束是原奥氏体晶粒中具有相同惯习面的板条群,而块是相同惯习面下具有相同取向的板条群,则马氏体束和块对原奥氏体晶粒存在一定的依赖性。由表 3-2 和图 3-16、图 3-17 可知,随淬火温度的提高,马氏体束和板条的变化趋势与原奥氏体晶粒的增加趋势几乎一致。即随晶粒尺寸从 11.7 μm 增加到 110.3 μm,则马氏体束从 5.94 μm 增加到 32.56 μm,块从 1.38 μm 增加到 5.14 μm,分别增加了 4.48 倍和 2.72 倍。图 3-20 揭示了马氏体束、块与原奥氏体之间的关系,可以明显发现束、块与奥氏体晶粒具有很好的线性关系,斜率分别为 0.258 和 0.037[式(3-24)、式(3-25)],其与王春芳[24]的研究结果非常相似,这就表明了马氏体束、块对原奥氏体晶粒具有一定的依赖性。同时,还可以看出,低温淬火时细条状马氏体呈混乱取向分布,即各向同性;而高温淬火时,高温消除了马氏体的定向形核和长大障碍,导致细条状马氏体有序化,平行排列的束状组织明显增多,部分马氏体束呈 60° 夹角或等边三角形,呈各向异性。

$$d_\text{p} = 0.258 d_\text{r} \qquad (3-24)$$
$$d_\text{b} = 0.037 d_\text{r} \qquad (3-25)$$

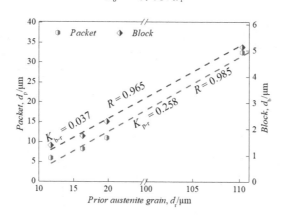

图 3-20　马氏体束、块与原奥氏体之间的关系

相反,对于 20CrNi2Mo 钢的马氏体板条,与其多层次结构不同,根据表 3-2 和图 3-18,随着淬火温度的提高,马氏体板条尺寸却略有减小,即从 0.277 μm 减小到 0.246 μm,减小幅度为 11.2%。马氏体板条是单晶结构,徐祖耀[25-28]曾提出板条宽取决于材料的形核率,而形核率取决于试验钢的成分和马氏体开始转变温度(M_s)。不难发现,随着淬火温度的提高,碳化物逐渐溶解,则更多的碳和合金元素溶解到奥氏体中,为马氏体提供了形核位置。同时,由图 3-21 可知,1 200 ℃淬火时的 M_s 最低,则其过冷度最大,从另一个角度来说提高了淬火冷却速率,也达到了细化板条的效果,其表明马氏体板条不依赖于原奥氏体晶粒。

为了进一步阐明淬火温度对板条的影响,这里分别统计了约 150 个板条,且作出其尺寸的分布图,如图 3-22 所示。由图 3-22(a)可知,四种淬火温度下板条尺寸 d_l 主要集中在 0~0.4 μm 之间,细观之不难发现,随淬火温度升高,其板条尺寸分布峰向左略偏移,即减小。同时从 900~1 000 ℃,板条尺寸分布从集中变得分散,原因可能是随温度升高,板条的形核和长大速率均增加。但淬火温度升高至 1 200 ℃时,合金化程度增加,进一步增大了形核

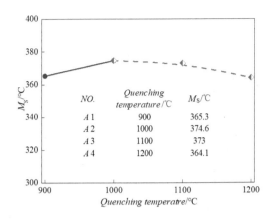

图 3-21 不同淬火温度下试验钢的马氏体开始转变温度

率,从而导致板条尺寸分布又变得集中。但总的来说,淬火温度并不影响 d_1 的分布曲线的形状,如图 3-22(b)所示,其与 Marder 等[24,29]的研究一致。

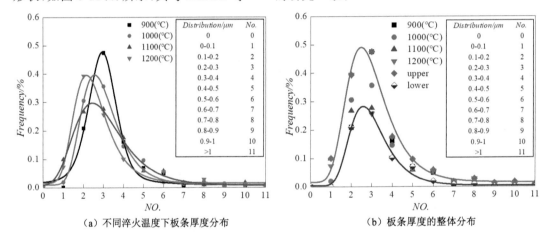

（a）不同淬火温度下板条厚度分布　　　　　（b）板条厚度的整体分布

图 3-22 试验钢 d_1 的分布

此外,由图 3-23(a)TEM 暗场像可知,马氏体板条间通过 $10\sim20$ nm 的残余奥氏体薄膜相连,据报道[20,30]该薄膜具有较好的稳定性,不仅有利于增加裂纹穿过板条条界时的塑性撕裂功,还有利于缓解尖端的应力集中,使裂纹尖端钝化。同时,本研究利用 XRD 测试了不同状态下残余奥氏体含量,结果表明试验钢的残奥低于 2%,但随着淬火温度升高略有增加,如图 3-23(b)所示。

3.4.2　多层次组织间的特征

在表 3-3 中,$C_i(i=1,2$ 和 3)表示马氏体多层次组织间的比值,$E_i(i=1,2$ 和 3)则表示一个原奥氏体晶粒中马氏体束、块及板条的数量。根据前面表 3-2 的试验数据可知,一个原奥氏体晶粒中包含 $2\sim3$ 个束结构,但随着晶粒的粗化,马氏体块及板条增加明显,特别是马氏体板条,增加近 10 倍。同时,根据图 3-24 中板条马氏体的特点,我们假设马氏体束尺寸为马氏体块、板条结构的长度,则可对马氏体板条的长宽比进行计算并列于表 3-3 中,其结

（a）残余奥氏体薄膜

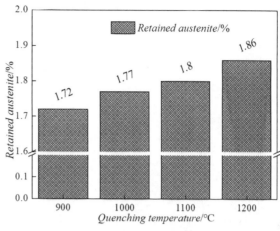

（b）残余奥氏体含量

图 3-23　试验钢中的残余奥氏体

果显示随晶粒的粗化马氏体板条的长宽比（L/W）显著增加。由图 3-24 可知，一个晶粒中的板条数量与板条的长宽比均与原奥氏体晶粒尺寸呈线性关系。

表 3-3　马氏体多层次微观组织的数量及长宽比

	$C_1 = d_r/d_p$	$C_2 = d_p/d_b$	$C_3 = d_b/d_l$	$E_1 = C_1$	$E_2 = C_1 * C_2$	$E_3 = C_1 * C_2 * C_3$	$L/W = d_p/d_l$
900 ℃	1.97	4.30	4.98	2	8	42	21.44
1 000 ℃	1.98	4.74	6.62	2	9	62	31.37
1 100 ℃	1.80	4.81	8.91	2	9	77	42.84
1 200 ℃	3.39	6.33	20.89	3	21	448	132.36

（a）板条和块的长度

（b）板条数量、长宽比与奥氏体晶粒的关系

图 3-24　板条马氏体 EBSD 图及特征参数

为进一步分析马氏体板条界的数量(LB),本书采用数学模型对 LB 进行统计计算。图 3-25 为马氏体多层次组织及界面示意图,由图可知,C_1 为一个晶粒中马氏体束的数量,C_2 为一个束中块的数量,C_3 为一个块中板条的数量,列于表 3-3 中。

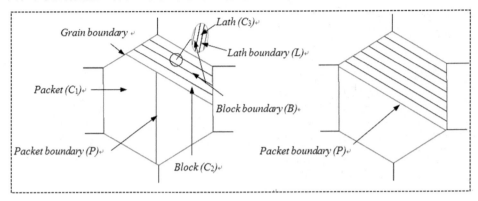

图 3-25　马氏体多层次组织及界面示意图

但原奥氏体晶界、束界、块界及条界并不等于晶粒、束、块及条的数量,其值分别如下:

一个晶粒中,有效晶界数量 G:$G=3$。

一个晶粒中,有效束界数量 P:由图可知,当 $C_1=2$ 时,$P=1$;当 $C_1 \geqslant 3$ 时,$P=C_1$。

一个束中,有效块界数量 B:$B=C_2-1$。

一个块中,有效板条界数量 L:$L=C_3-1$。

所以在 X 个晶粒中,板条界的比重 $W(T)$ 为:

$$
\begin{aligned}
W(T) &= \frac{L*C_2*C_1*X}{L*C_2*C_1*X+B*C_1*X+P*X+G*X} \\
&= \frac{(C_3-1)*C_2*C_1}{(C_3-1)*C_2*C_1+(C_2-1)*C_1+C_1+3}
\end{aligned}
\tag{3-26}
$$

由式(3-26)可知,$W(T)$ 与晶粒数量无关。将表 3-3 中的数据代入式(3-26),结果如图 3-26 所示,随淬火温度升高,试验钢中板条界即小角度晶界的比重递增。

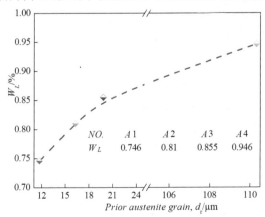

图 3-26　板条界面的比重与原奥氏体晶粒尺寸的关系

参 考 文 献

[1] 胡赓祥,蔡珣,戎咏华.材料科学基础[M].3 版.上海:上海交通大学出版社,2010.

[2] 杨平.电子背散射衍射技术及其应用[M].北京:冶金工业出版社,2007.

[3] 谭玉华,马跃新.马氏体新形态学[M].北京:冶金工业出版社,2013.

[4] 杨浩.高强高导 Cu-Cr-Zr 合金时效析出相的微观表征及性能研究[D].长沙:湖南大学,2010.

[5] 左龙飞,倪睿,王自东,等.低碳高强钢中纳米析出相回火过程中的透射分析[J].钢铁研究学报,2013,25(3):39-45.

[6] 李婷.EW75 合金的组织结构及在制备加工中的演化[D].北京:北京有色金属研究总院,2013.

[7] 李文,金涛,胡壮麒.镍基单晶高温合金瞬态液相连接接头的微观结构和结晶学取向[J].金属学报,2008,44(12):1474-1478.

[8] 刘者.CoFeB 及 Ni 纳米软磁材料制备与磁性能[D].哈尔滨:哈尔滨工业大学,2013.

[9] 张艳,彭晓,王福会.Cr 颗粒含量对 Ni-Cr 纳米复合镀层组织结构的影响[J].材料研究学报,2009,23(6):610-615.

[10] 陈伟.冷热加工及 Yb 含量对 Al-0.2Sc-0.04(Zr,Yb)合金力学和电学性能的影响[D].郑州:郑州大学,2016.

[11] 韩乐.X80 管线钢组织性能及晶体学取向关系的研究[D].包头:内蒙古科技大学,2012.

[12] 鲁法云,孟利,杨平,等.高锰钢马氏体相变的晶体学研究[J].电子显微学报,2009,28(1):23-28.

[13] FURUHARA T,MORITO S,MAKI T. Morphology,substructure and crystallography of lath martensite in Fe-C alloys[J]. Journal de physique Ⅳ (Proceedings),2003,112:255-258.

[14] CAYRON C,BARCELO F,DE CARLAN Y. The mechanisms of the FCC-BCC martensitic transformation revealed by pole figures[J]. Acta materialia,2010,58(4):1395-1402.

[15] KITAHARA H,UEJI R,UEDA M,et al. Crystallographic analysis of plate martensite in Fe-28.5 at.% Ni by FE-SEM/EBSD[J]. Materials characterization,2005,54(4/5):378-386.

[16] MIYAMOTO G,IWATA N,TAKAYAMA N,et al. Quantitative analysis of variant selection in ausformed lath martensite[J]. Acta materialia,2012,60(3):1139-1148.

[17] 张美汉,许为宗,郭正洪,等.EBSD 在马氏体变体间位向关系测定中的应用[J].电子显微学报,2010,29(1):724-729.

[18] 杨平,鲁法云,孟利,等.高锰 TRIP/TWIP 钢压缩过程晶体学行为的 EBSD 分析 Ⅱ.马氏体内取向差、取向变化及奥氏体取向的影响[J].金属学报,2010,46(6):666-673.

[19] 戎咏华.分析电子显微学导论[M].2 版.北京:高等教育出版社,2015.

［20］ KITAHARA H，UEJI R，TSUJI N，et al. Crystallographic features of lath martensite in low-carbon steel ［J］. Acta materialia，2006，54(5)：1279-1288.

［21］ ZHAO J W，ZHANG W，ZOU D N. Effect of quenching temperature and cooling manner on the property of the high speed steel roll ［J］. Zhuzao jishu (foundry technology)，2005，26(10)：859-860.

［22］马坪，李倩，唐志国，等.冷轧工作辊用 Cr5 钢奥氏体化时碳化物的溶解及晶粒长大行为［J］.机械工程材料，2010，34(6)：21-23.

［23］WANG K，WANG D，HAN F S. Effect of sample thickness on the tensile behaviors of Fe-30Mn-3Si-3Al twinning-induced plasticity steel ［J］. Materials science and engineering：A，2015，642：249-252.

［24］王春芳.低合金马氏体钢强韧性组织控制单元的研究［D］.北京：钢铁研究总院，2008.

［25］HSU T Y，XU Z Y. Design of structure，composition and heat treatment process for high strength steel ［J］. Materials science forum，2007，561/562/563/564/565：2283-2286.

［26］徐祖耀.条状马氏体形态对钢力学性质的影响［J］.热处理，2009，24(3)：1-6.

［27］徐祖耀，吕伟，王永瑞.稀土对低碳钢马氏体相变的影响［J］.钢铁，1995，30(4)：52-58.

［28］HSU T Y. Effects of rare earth element on isothermal and martensitic transformations in low carbon steels［J］. ISIJ international，1998，38(11)：1153-1164.

［29］MARDER A R. The formation of low-carbon martensite in Fe-C alloys［J］. Transactions of American society for metals，1969，62(4)：957-963.

［30］黎永钧.低碳马氏体的组织结构及强韧化机理［J］.材料科学与工程，1987，5(1)：22，39-47.

第4章　条状马氏体多层次组织对拉伸性能的影响

板条马氏体是高强钢中的重要组织,由于其优异的综合性能,一直以来备受关注。这些优异的综合性能取决于板条马氏体的多层次组织结构,近年来,关于马氏体钢结构与性能关系的研究成果层出不穷,但大多集中于强度、韧性与组织关系[1-11]。关于材料塑性的研究主要集中于塑性变形行为及机制[12-17]。但是,关于宏观拉伸塑性与微观组织结构关系的报道较少。

此外,大量的研究认为随原奥氏体晶粒的粗化,试验钢的塑性降低[18-19]。然而,令人奇怪的是,本书在研究中发现随晶粒粗化数倍,其材料的塑性并未降低,反而略有增加,这表明材料宏观塑性的协调单元不一定为原奥氏体晶粒。同时,由于拉伸颈缩阶段的塑性变形的复杂性,此前多数关于拉伸真应力-真应变的获取通常借助于有限元方式[20-22]。本书通过实时监控的方式,对拉伸颈缩变形进行捕获,然后利用 Bridgman 方程对真应力-真应变进行计算,其目的在于进一步揭示宏观拉伸性能与微观组织的关系,从而获得塑性的有效控制单元。

4.1　试 验 结 果

4.1.1　真应力-真应变曲线

本章根据第 2 章提到的单轴拉伸试验方法,对试验钢的拉伸过程及变化规律进行分析。

在研究中,我们通过 Bridgman 方程和工程应力-应变曲线建立试验钢的真应力-真应变曲线。首先,利用数码相机对试样拉伸过程的颈缩阶段进行捕获,实时监测最小截面半径和轮廓线的曲率半径;然后,每根试样选取 8 个点,利用 AutoCAD 软件分别量取试样最小截面半径和轮廓线的曲率半径,如表 4-1 所示。

表 4-1　颈缩后 8 个点的拉伸参数

温度	参数	1	2	3	4	5	6	7	8
900 ℃	$R/\mu m$	30.08	25.07	17.46	11.25	7.43	5.51	2.33	1.98
	$a/\mu m$	3.31	3.23	3.12	3.00	2.86	2.72	2.43	2.32
	S'/MPa	1 550	1 562	1 581	1 609	1 624	1 662	1 726	1 762
	$e_2/\%$	0.112	0.161	0.230	0.308	0.404	0.504	0.730	0.822
1 000 ℃	$R/\mu m$	30.78	19.98	14.18	10.78	5.41	3.5	2.18	1.76
	$a/\mu m$	3.25	3.11	2.97	2.84	2.65	2.46	2.35	2.23
	S'/MPa	1 494	1 551	1 611	1 642	1 700	1 750	1 782	1 831
	$e_2/\%$	0.148	0.236	0.328	0.418	0.556	0.705	0.797	0.902

表 4-1(续)

温度	参数	1	2	3	4	5	6	7	8
1 100 ℃	$R/\mu m$	30.25	24.17	14	8.9	5.46	3.93	2.01	1.72
	$a/\mu m$	3.25	3.10	2.97	2.83	2.65	2.47	2.25	2.17
	S'/MPa	1 488	1 564	1 606	1 643	1 715	1 782	1 815	1 853
	$e_2/\%$	0.148	0.243	0.328	0.425	0.556	0.697	0.884	0.956
1 200 ℃	$R/\mu m$	28.26	21.04	11.54	5.66	4.75	3.57	1.74	1.63
	$a/\mu m$	3.22	3.09	2.93	2.75	2.62	2.44	2.17	2.11
	S'/MPa	1 499	1 561	1 622	1 675	1 726	1 805	1 862	1 874
	$e_2/\%$	0.167	0.249	0.356	0.482	0.579	0.722	0.956	1.012

由表 4-1 可得出颈缩后真应力、真应变与曲率半径及最小截面半径的关系,如图 4-1 所示。结果随着曲率半径和最小截面半径的减小,真应力、真应变明显增加,但变化趋势有些区别。由图 4-1(a)和(c)可知,随着曲率半径的减小,真应力、真应变的变化以 $R=7$ 为分界点分成两个部分,前部分较后部分增加缓慢,但均近似呈线性关系;由图 4-1(b)和(d)可知,随最小截面半径的减小,真应力、真应变成线性增加。细观之不难发现,随着淬火温度的升高,即随着晶粒的粗化,其增加幅度也越来越大。这反映了颈缩后应力、应变的复杂性。

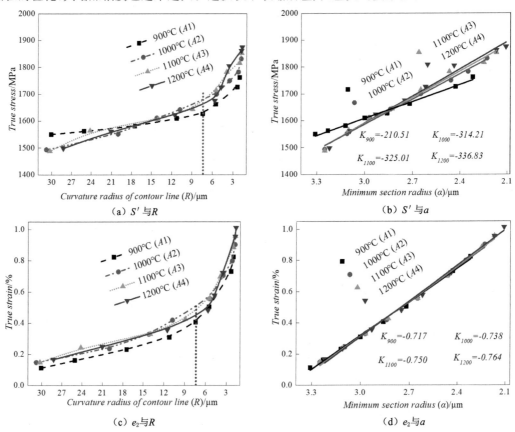

图 4-1 颈缩后的曲率半径(R)和最小截面半径(a)与真应力(S')、真应变(e_2)的关系

我们将量取的最小截面半径（a）和轮廓线曲线半径（R）代入式（2-3）、式（2-4）和式（2-5），分别计算颈缩后的真应力-真应变值，如表 4-1 所示。

最后，我们将通过两种方法［一是通过式（2-1）和式（2-2）计算，即颈缩前的阶段；二是通过式（2-3）、式（2-4）和式（2-5）进行计算，即颈缩后的阶段］计算的真应力-真应变进行拼接，形成一条完整的曲线，如图 4-2 所示。同时根据直线 $\sigma = E\varepsilon$，真应力-真应变曲线被分成两个区域（Ⅰ 和 Ⅱ）：区域 Ⅰ 位于颈缩前，表示裂纹萌生过程；区域 Ⅱ 位于颈缩之后，表示裂纹扩展过程。

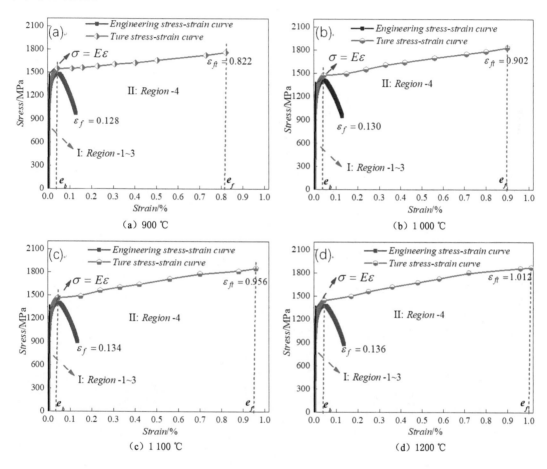

图 4-2　试验钢的工程应力-工程应变取向和真应力-真应变曲线

图 4-2 显示了试验钢的工程应力-工程应变曲线和真应力-真应变曲线。由 Bridgeman 方程的计算可知，真应力、真应变较工程应力、工程应变大得多，其计算结果与 Arasaratnam 等[20]的模拟结果几乎一致。同时，裂纹扩展区域远大于裂纹萌生区，如图 4-2 中Ⅱ区与Ⅰ区所示。此外，比较不同工艺下的拉伸性能知，随着晶粒的粗化，其工程应变、真应变明显较细晶状态的大，体现了在 20CrNi2Mo 低碳钢中，较好的塑性在粗晶中获得。

4.1.2　应变硬化指数

有文献报道，屈服强度和应变硬化能力决定材料的抗拉强度[23]，应变硬化能力又由应变硬化指数(n)体现。为了进一步研究试验钢强度变化规律,本书利用经典 Hollomon(霍洛蒙)方程对试验钢的形变硬化指数(n)进行简单计算,如下所示:

$$S = Ke^n \tag{4-1}$$

$$\lg S = \lg K + n\lg e \tag{4-2}$$

根据国标 GB/T 5028—2008,应变硬化指数(n)的计算分为以下几步进行:

(1) 根据图 4-2 中与 I 区的真应力-真应变曲线,即图 4-3,以弹性变换得到 l_1 和 l_2 两条直线,且两直线分别与曲线、坐标轴交于 a、b、c 和 d 四个点。值得注意的是,a 点应力大于屈服点,b 点应力小于或等于抗拉强度点。

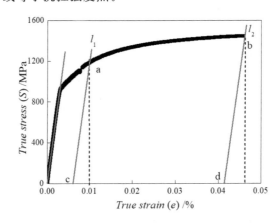

图 4-3 弹性阶段真应力-真应变曲线

(2) 分别读取 a、b、c 和 d 四个点对应的应变值 e_1、e_2、e_3 和 e_4。再利用 $e_1 - e_3$ 和 $e_2 - e_4$ 得到两个差值 Δe_1 和 Δe_2。Δe_1 和 Δe_2 只是用于对比验证,以减小分析的误差,其大小基本相等,取 $\Delta e = 0.004$。同时,获取 a、b 点的应力值 S_a 和 S_b。表 4-2 显示了以上取值。

表 4-2 应变硬化指数计算参量

参数	900 ℃	1 000 ℃	1 100 ℃	1 200 ℃
S_a/MPa	1 268.31	1 222.02	1 203.15	1 189
S_b/MPa	1 548.77	1 474.08	1 466.62	1 445.33
e_1/%	0.009 6	0.01	0.098	0.101
e_2/%	0.044	0.044 7	0.452	0.045 7
e_3/%	0.005 7	0.006 3	0.006	0.006 2
e_4/%	0.039 8	0.040 5	0.041	0.041 3
Δe_1/%	0.003 9	0.003 7	0.003 8	0.003 8
Δe_2/%	0.004 2	0.004 2	0.004 2	0.004 2

(3) 将所有应变都减去 $\Delta e = 0.004$,利用 a、b 之间的应力对应 e_3、e_4 的应变值,然后分别取对数,作出曲线,取较平直阶段进行拟合,如图 4-4 所示。

众所周知,应变硬化指数的高低表示材料发生颈缩前的依靠硬化使材料均匀变形能力的大小,其大小也是材料强度因塑性变形而增加的一种度量。此外,对于一个工程构件来

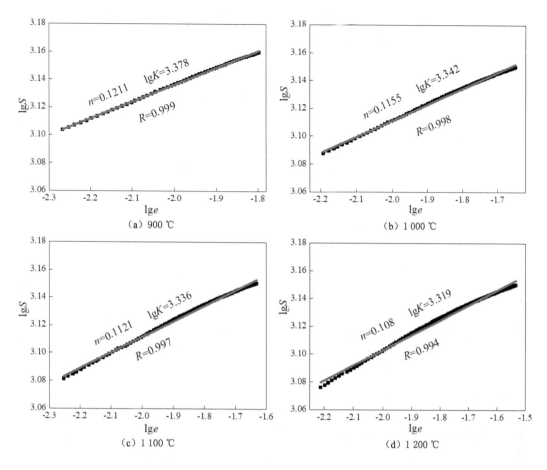

图 4-4　试验钢的应变硬化指数

说,较低的应变硬化指数很可能会在均匀变形量还很小的时候过早发生局部变形而出现颈缩。因此,高强度的材料为了避免材料发生软化或者过早形成疲劳裂纹,一般要求静拉伸时 n 值不低于 0.1。

应变硬化是形变中位错运动阻力随着形变量的增加而加大的结果,其大小与材料的层错能有关[24-25]。层错能低的 n 值高,层错能高的 n 值低,原因是层错能低,形变使得层错出现概率增高,层错作为面缺陷抑制位错运动,位错塞积强化。若层错能高,位错容易交滑移或者扩展位错较易束集,交滑移容易发生,加工硬化滞后。

由图 4-4 可知,随着淬火温度升高,其应变硬化指数逐渐降低,可能原因是随着淬火温度升高,大量碳化物溶入奥氏体,通过这些熔解的合金元素的交互作用,增加了试验钢的层错能,从而导致了应变硬化能力的降低。此外,有文献报道温度升高也会增加材料的层错能[26]。

4.1.3　拉伸性能

本研究试验钢的拉伸性能分别通过试验(屈服强度 σ_s、抗拉强度 σ_b)、计算(延伸率 A、断面收缩率 Z)及真应力-真应变曲线的积分获得(静力韧度 U_K、裂纹扩展功 U_C 和裂纹萌生功

U_P)。其中静力韧度 U_K、裂纹扩展功 U_C 和裂纹萌生功 U_P 分别通过以下方程进行计算。

$$U_K = \int_0^{e_f} Sde \qquad (4-3)$$

$$U_C = \int_{e_b}^{e_f} Sde \qquad (4-4)$$

$$U_P = \int_0^{e_b} Sde = U_K - U_C \qquad (4-5)$$

表 4-3 显示了 20CrNi2Mo 钢力学性能与淬火温度的关系。抗拉强度和屈服强度均随淬火温度升高而降低,但降低幅度不大,分别为 -7.9%(σ_s)和 -6.9%(σ_b)。其可能原因是随淬火温度的增加,晶粒尺寸随之增加,单位面积上的晶界面积减少,此时晶界对位错的阻碍作用减弱,从而导致强度降低[22]。

表 4-3 20CrNi2Mo 钢的拉伸性能参数

温度	σ_s/MPa	σ_b/MPa	A/%	Z/%	U_K/MPa	U_P/MPa	U_C/MPa	n
900 ℃	1 181.79	1 482.43	12.8	56.4	1 331.11	55.28	1 275.33	0.121
1 000 ℃	1 122.79	1 408.64	13.0	59.4	1 467.22	52.34	1 413.88	0.116
1 100 ℃	1 096.36	1 401.80	13.4	61.6	1 578.33	52.98	1 525.35	0.112
1 200 ℃	1 074.81	1 380.74	13.6	63.7	1 677.18	50.08	1 627.06	0.108

传统的塑性指标延伸率(A)反映了拉伸过程中弹性阶段的塑性,并不是真正的塑性,而断面收缩率(Z)反映拉伸过程中屈服-断裂阶段的塑性。根据表 4-3,随着淬火温度的升高,试验钢的塑性(A 和 Z)呈增加趋势,特别是断面收缩率增加较明显,最大增幅为 12.9%。这是由于随着淬火温度的增加,晶粒粗化,晶内的空位、位错及界面等缺陷减少,位错与空位、位错间的交互作用概率减小,位错易于运动,所以塑性有所增加。

同时,本书对试验钢不同状态下的真应力-真应变曲线进行积分,计算材料塑性变形过程中单位体积消耗的能量。静力韧度 U_K 表示材料在整个拉伸过程中消耗的塑性功,根据表 4-3,随着淬火温度递增,晶粒粗化,静力韧度从 1 331.11 MPa 增加到 1 677.18 MPa,增幅为 26%。细观之不难发现,拉伸过程中塑性材料的裂纹萌生功 U_P 只有约 50 MPa,占总能量的 3%~4%,大部分的塑性功来源于裂纹的扩展。随着淬火温度的增加,萌生功 U_P 略有降低,而裂纹扩展功 U_C 明显增加,增幅为 27.6%,这也反映了后面提到的较好的塑性在粗晶中获得。

4.2 马氏体多层次组织对强度的贡献分析

4.2.1 强度与组织

前面已经谈到,对于众多工程材料的强化,向晶体中引入大量的缺陷,如位错、点缺陷、异类原子、晶界及弥散分布的质点等,这些缺陷强烈阻碍位错运动,成为当前提高材料强度最有效途径。具体的方法包括位错强化、固溶强化、晶界强化和沉淀弥散强化等,这些强化方式都离不开位错,其目的都是阻止位错的运动。

本书在单轴拉伸状态下研究 20CrNi2Mo 低碳钢中马氏体多层次组织对强度的影响,其强度指标主要是屈服强度、抗拉强度及应变硬化指数。这里应变硬化指数也是与位错相关的参量,表面层错对位错有阻碍作用。表 4-4 显示了试验钢强度指标与马氏体多层次组织间的关系。

表 4-4　20CrNi2Mo 钢多层次组织与强度

温度	σ_s/MPa	σ_b/MPa	n	$d_r/\mu m$	$d_p/\mu m$	$d_b/\mu m$	$d_1/\mu m$
900 ℃	1 181.79	1 482.43	0.121	11.7	5.94	1.38	0.277
1 000 ℃	1 122.79	1 408.64	0.116	16.3	8.25	1.74	0.263
1 100 ℃	1 096.36	1 401.80	0.112	19.8	11.01	2.29	0.257
1 200 ℃	1 074.81	1 380.74	0.108	110.3	32.56	5.14	0.246

由表 4-4 可以看出,试验钢的屈服强度、抗拉强度及形变硬化指数随着原奥氏体晶粒尺寸(d_r)、马氏体束尺寸(d_p)、块尺寸(d_b)的增加而降低,它们之间的变化趋势极其相似。这是由于强度源于材料本身的结构对位错的阻碍作用,阻碍作用越大,材料的强度越大。对于 20CrNi2Mo 低碳钢,淬火温度不同,导致了马氏体多层次组织的尺寸存在较大差异,即随淬火温度的增加,原奥氏体晶粒、束和块均增加(表 4-4)。原奥氏体晶粒、束和块界面属于大角度界面(大于 15°),随着其尺寸的增加试验钢大角度界面的减少,位错在界面上的塞积程度减弱,晶界滑移易于开动,因此导致材料的强度降低。

同时,随着马氏体板条宽的粗化,试验钢的强度呈增加趋势,这与传统的细晶强化不同,表明板条不是强度的控制单元。强化取决于材料本身结构对位错的阻碍,而板条界面属于小角度界面(小于 15°),小角度界面的能力较低,对位错的阻碍作用小,驻留滑移带和位错容易连续穿过小角度界面,不引起位错塞积,所以小角度界面较多时,材料的强度降低。研究发现,随着淬火温度增加,试验钢的板条尺寸(d_1)降低,则小角度界面增加,从而导致粗晶中位错的塞积作用减弱,因此也导致试验钢的强度的降低。

对于同一种材料,并不是单一的强化方式决定材料的强度,大多数情况下,材料的强化是多种强化方式叠加的结果。由于屈服强度能反映出材料起始塑性变形时本征抗力,一般用屈服强度来表征强度的大小。在板条马氏体结构材料中,屈服强度主要由四种强化方式叠加而成,其表达式[27-29]为:

$$\sigma_s = \sigma_0 + \sigma_{ss} + \sigma_p + \sigma_d + k_y d_i^{-1/2} \qquad (4-6)$$

式中,σ_s 为真实屈服强度。σ_0 为纯铁的摩擦应力(24 MPa)[30]。σ_{ss} 为固溶强化强度。σ_p 为析出强化强度。σ_d 为位错强化强度。$k_y d_i^{-1/2}$ 为晶粒尺寸引起的强化,k_y 为表征晶界对强度影响程度的常数,与晶界结构有关;d_i 为多晶体中各晶粒的平均直径。下面对试验钢的强化机制分别进行讨论。

4.2.2　位错强化

前面已经谈到,金属材料的强化主要通过阻碍位错运动进行,无论是细化晶粒、固溶处理还是形变处理等,都是引入大量的缺陷阻碍位错运动。位错强化就是通过相变和塑性变形引入大量的位错,大量的位错增殖、相互作用,导致材料的强度提高。位错强化对强度的贡献[31-32]可以表示为：

$$\sigma_d = aGb\rho^{1/2} \tag{4-7}$$

式中，G 为材料剪切模量，对于钢约为 8.1×10^4 MPa；b 是柏氏矢量，约为 0.248 nm[31]；a 为常数，约为 0.5[32]；ρ 表示试验钢位错密度，其大小采用式(4-8)[33]进行估算。

$$\rho = \rho_0 + K(\%C) + \frac{\theta}{b} \cdot \frac{2}{d} \tag{4-8}$$

式中 ρ——试验钢总的位错密度；

ρ_0——无碳马氏体的位错密度，近似为 1.6×10^{10} cm^{-2}；

K——每增加 1%C 时位错的增量，约为 94×10^{10} cm^{-2}；

q——马氏体条间的取向差，按弧度进行计算；

b——柏氏矢量；

d——马氏体板条宽，由 TEM 测得。

图 4-5 显示了试验钢不同工艺的小角度取向差分布情况，由图可知该取向差均集中在 $0.8° \sim 3°$ 之间，为便于计算，取其峰值为 $1°$，即 $q=1°$。同时，试验钢为 20CrNi2Mo 钢，其碳含量约为 0.2%。最后将所确定的参数值代入式(4-7)、式(4-8)计算位错密度和位错强化贡献，如表 4-5 所示。

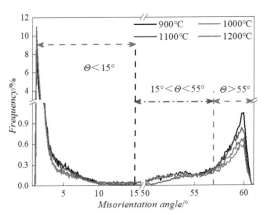

图 4-5 不同工艺试验钢小角度取向角的分布

表 4-5 试验钢位错密度及位错强化的估算

参数	900 ℃	1 000 ℃	1 100 ℃	1 200 ℃
Lath/μm	0.277	0.267	0.253	0.246
ρ/cm^{-2}	20.91×10^{10}	20.93×10^{10}	20.96×10^{10}	20.97×10^{10}
σ_d/MPa	459	460	460	460

注：Lath 代表马氏体板条尺寸。

根据表 4-5 不难发现，试验钢在不同的淬火温度下板条宽及取向差差异不大，进而位错密度基本相同。因此，通过理论计算知，位错强化的贡献约为 460 MPa。

4.2.3　固溶强化

固溶强化是指合金元素以间隙或置换的形式溶入金属基体的晶格,形成异质原子以点状障碍的形式阻碍位错运动,从而起到强化作用。固溶强化的主要微观作用机制是弹性相互作用,产生气团。一旦溶质原子在位错周围形成稳定的气团,位错要运动就必须挣脱气团的钉扎(非均匀强化),同时还要克服溶质原子的摩擦阻力(均匀强化),由此使材料的强度提高。溶质原子与位错间还会产生模量相互作用、电相互作用、层错相互作用[形成 Suzuki (铃木)气团]和有序化相互作用(包括短程有序和长程有序),这些作用将导致位错运动的阻力增大从而使材料强化[34]。固溶强化的贡献由式(4-9)[32]进行估算:

$$\sigma_{ss} = \sum_i k_i x_i \tag{4-9}$$

式中,σ_{ss} 为固溶强化贡献值;k_i 表示第 i 个元素的固溶强化系数;x_i 表示第 i 个元素的质量百分数。其中元素的强化系数分别为:4 570C,37Mn,$-$30Cr,83Si,33Ni,680P,38Cu,11Mo,2 918N 和 59Al[34-35]。

本试验中,试验钢的主要成分为 C、Mn、Cr、Ni、Si、P、Cu、Mo,而不同的淬火工艺并没有改变试验钢的成分,故而不同工艺条件下固溶强化基本一致。然而,有文献报道,对于碳含量低于 0.2% 的低碳马氏体钢,马氏体位错中的碳大多不处于固溶体中,而是偏聚于位错上,形成柯氏气团[36-38],碳的直接作用是位错强化[39],由此认为碳的固溶强化增量为 0。因此,该试验钢的固溶强化计算可表示为:

$$\sigma_{ss} = 37[Mn] - 30[Cr] + 83[Si] + 33[Ni] + 680[P] + 38[Cu] + 11[Mo] \tag{4-10}$$

[元素]表示元素的质量百分比,最终计算得到固溶强化的贡献为 94.4 MPa,其贡献是非常小的。

4.2.4　弥散强化

弥散强化又称析出强化、第二相强化。钢中的第二相颗粒对位错运动具有很好的钉扎作用,位错要通过第二相,就必须消耗能量。弥散强化是所有强化方式贡献较大的强化方式之一。根据位错的作用过程,弥散强化包括切过机制和绕过机制[40],在钢中主要是绕过机制。对于圆形或近似圆形的第二相颗粒,其沉淀强化的贡献可通过式(4-11)[41]或式(4-12)[27]进行计算:

$$\sigma_p = 0.298 \left(\frac{Gb}{l}\right) \ln \sqrt{\frac{2}{3}} \cdot \frac{d}{b} \tag{4-11}$$

$$\sigma_p = \frac{10Gb}{5.72\pi^{3/2} r} f^{1/2} \ln \frac{r}{b} \tag{4-12}$$

式中,G 为剪切模量;b 为柏氏矢量;l 为第二相离子间距;f 为第二相离子的体积百分比;d、r 分别为第二相颗粒的直径和半径。

而对于其他形状的析出相的强化贡献,采用式(4-13)[41]进行计算,其中 M 是泰勒因子,A 是第二相的几何参量,τ 为第二相的厚度:

$$\sigma_p = \frac{MGb}{2\sqrt{1-\nu}} \frac{1}{l} \ln\left(\frac{A\tau}{2b}\right) \tag{4-13}$$

由图 4-6 的 TEM 图片可知,试验钢经不同淬火处理,基本上看不到析出相的存在,即析出相的体积分数为 0。所以对于 20CrNi2Mo 低碳钢，析出强化对强度的贡献可近似取为 0。

(a) 900 ℃   (b) 1 000 ℃

(c) 1 100 ℃   (d) 1 200 ℃

图 4-6　试验钢析出相的 TEM 图

4.2.5　晶界强化

晶界强化取决于大角界面对位错的阻碍作用，而原奥氏体晶界、马氏体束界及块界均属于大角度界面，但很难说明哪一层次组织对强度起着控制作用。比较前面几种强化机制可知，位错强化和固溶强化几乎不变，沉淀强化为 0，剩下的就是晶界强化对强度的贡献。晶界强化对强度的贡献可根据式(4-14)进行计算，其包含了原奥氏体和马氏体束、块的界面的共同作用：

$$\sigma_s - (\sigma_0 + \sigma_{ss} + \sigma_p + \sigma_d) = k_y d_i^{-1/2} = \sigma_g \tag{4-14}$$

结合表 4-6 和图 4-7，对比不同强化机制对试验钢屈服强度的贡献，可以看出，晶界强化贡献最大，占了屈服强度的 45% 以上，位错强化次之，固溶强化较低，而析出强化为 0。同时，由图 4-7(b)可知，不同淬火工艺下试验钢的强度主要取决于晶界强化，其他几种强化贡献基本不变。这一结果表明随淬火温度的降低，原奥氏体、束、块尺寸减小，导致晶界强化的贡献增大。综上所述，对于 20CrNi2Mo 低碳钢，强度的改变主要来自原奥氏体、束和块尺寸的改变，是三者共同作用的结果，但是很难说明哪一层次组织对强度起着控制作用。

表 4-6　各种强化机制的强度贡献

温度	σ_s/MPa	σ_d/MPa	σ_{ss}/MPa	σ_p/MPa	σ_g/MPa	σ_g/σ_s
900 ℃	1 181.79	459	94.4	0	604.39	0.51
1 000 ℃	1 122.79	460	94.4	0	544.39	0.48
1 100 ℃	1 096.36	460	94.4	0	517.96	0.47
1 200 ℃	1 074.81	460	94.4	0	496.41	0.46

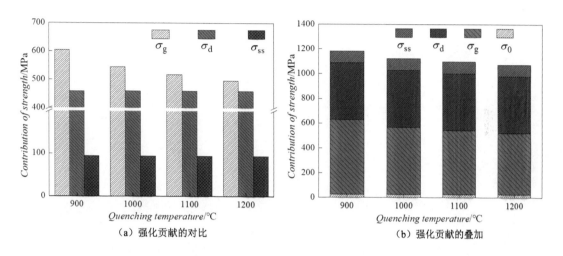

（a）强化贡献的对比　　　　　（b）强化贡献的叠加

图 4-7　几种强化机制的分析

　　本书利用经典的 Hall-Petch 关系,建立了晶界强化贡献值与马氏体多层次组织的负的平方根的关系,如图 4-8 所示。结果表明,晶界强化贡献值 σ_g 与原奥氏体晶粒、马氏体束和块的平方根满足 Hall-Petch 关系,揭示了三者对强度的重要作用。这主要归因于三者的界面都是大角度取向差,大量的位错易在取向较大的界面上塞积,大角度界面越多,对位错的阻碍作用越强,这就对应了较小的原奥氏体晶粒、马氏体束和块尺寸决定了材料较高的强度。进一步观察不难发现,σ_g 与 $d_r^{-1/2}$ 的 Hall-Petch 关系较 $d_p^{-1/2}$、$d_b^{-1/2}$ 离散,同时马氏体块尺寸较原奥氏体晶粒、束小得多。因此,本研究认为马氏体块宽是屈服强度的有效控制单元,这与王春芳[29]的研究是一致的。然而,图 4-8(d)表明 σ_g 与 $d_r^{-1/2}$ 并不满足 Hall-Petch 关系,呈负相关,即随着板条的细化,强度降低,这归因于板条界是小角度界面,位错不易在该界面处产生塞积。

　　此外,本研究采用 EBSD 后处理软件对试验钢的大角度取向角进行定量统计,如图 4-9 所示。随着淬火温度的升高及晶粒的粗化,大角度界面减少,这是由于原奥氏体晶粒,马氏体束、块粗化,导致界面减少。同时,由图 4-9(b)可知,大角度晶界的数量百分比与晶界强化的贡献呈线性关系,斜率为 1 229.28 MPa,集中反映了原奥氏体晶粒,马氏体束、块界面对强度贡献的综合作用。

　　最后,本书利用 Hall-Petch 方程建立了强度指标(屈服强度 σ_s、抗拉强度 σ_b 和应变硬化指数 n)与 20CrNi2Mo 低碳钢马氏体多层次组织间关系,如图 4-10 所示。其结果与图 4-9 中的结果完全一致,即各强度参量与原奥氏体晶粒、束和块均满足 Hall-Petch 关系,进而揭

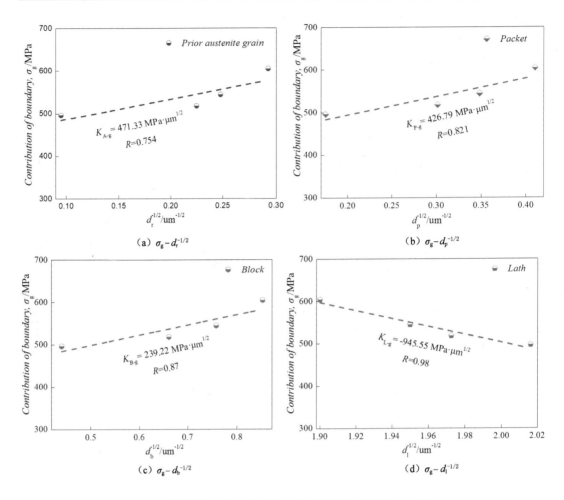

图 4-8　晶界强化贡献与马氏体多层次组织的 Hall-Petch 关系

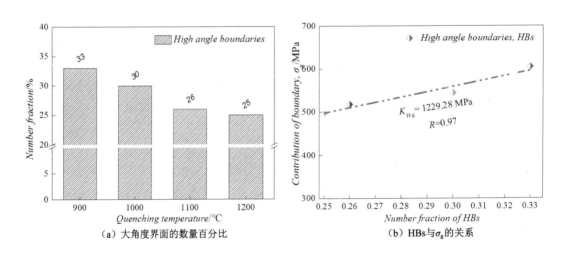

图 4-9　试验钢大角度界面分析

示了马氏体块尺寸为强度的有效控制单元。同时，由试验钢强度参量与大角度界面数量百分比的关系(图 4-11)可知，大角度界面对强度起着重要的控制作用。此外，强度参量与马氏体板条满足反 Hall-Petch 关系，表明小角度界面利于位错运动，降低强度。

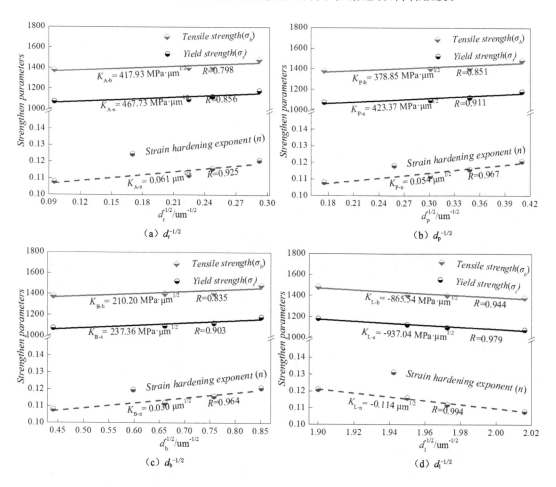

图 4-10　试验钢强度与马氏体多层次组织间关系

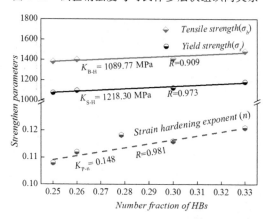

图 4-11　试验钢强度参量与大角度数量百分比的关系

4.3 马氏体多层次组织对塑性的影响

4.3.1 拉伸断口形貌观察

图 4-12 显示了细晶和粗晶状态下的断口形貌特征,明显可以看出不管粗晶还是细晶状态,断口微观形貌基本为韧窝,表明试验钢的断裂模式为塑性断裂,即应变控制的断裂。Ritchie 等[42]研究表明,应变控制的断裂源于孔洞的形成、长大和合并,其原理如图 4-13 所示。

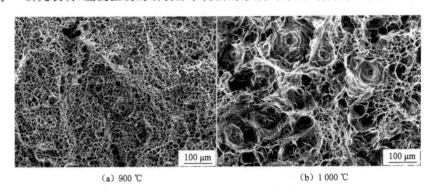

<table>
<tr><td>(a) 900 ℃</td><td>(b) 1 000 ℃</td></tr>
</table>

图 4-12 全韧窝特征

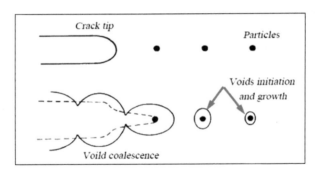

图 4-13 塑性断裂的原理图

本书采用截线法对不同状态下拉伸断口的宏观特征和微观特征进行了统计分析,如表 4-7 和图 4-14 所示。由宏观断口分析可知,随晶粒粗化,放射区的面积百分比逐渐降低,表明粗晶状态下的试验钢塑性较好;另外,采用截线法对约 400 个韧窝尺寸(d_T)及韧窝间距(X_0)进行统计分析,明显可以看出粗晶试样的韧窝尺寸和间距较细晶的大,进一步反映了粗晶试样的塑性较好。

表 4-7 拉伸断口的宏观参量和微观参量

温度	$F/\%$	$R/\%$	$S/\%$	$d_T/\mu m$	$X_0/\mu m$
900 ℃	4.3	31.7	65.0	1.22	1.14
1 000 ℃	6.6	29.0	64.4	1.49	1.48
1 100 ℃	6.9	24.1	69.0	1.99	1.91
1 200 ℃	6.8	18.40	74.8	4.57	4.30

注:F、R、S 分别表示断口纤维区、放射区、剪切唇区的面积分数;d_T、X_0 分别是韧窝尺寸和韧窝间距。

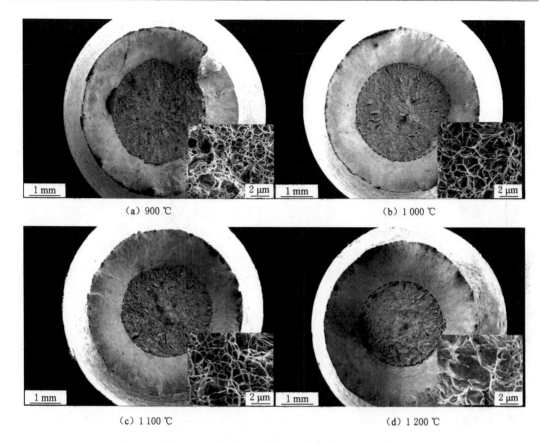

(a) 900 ℃　　　　　　　　　　(b) 1 000 ℃

(c) 1 100 ℃　　　　　　　　　　(d) 1 200 ℃

图 4-14　试验钢宏观断口和微观断口 SEM 图

　　对于这种现象,本研究怀疑塑性的高低与马氏体钢板条结构有着紧密联系。韧窝间距（X_0）反映了孔洞合并过程中微裂纹与多层次组织间的作用,图 4-15 表明韧窝间距与马氏体块宽满足很好的线性关系,其斜率小于 1。也就是,微裂纹的扩展首先在一个块内完成,即与大量的马氏体板条相互作用,板条控制着微裂纹的扩展。

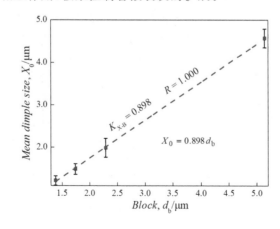

图 4-15　韧窝间距与马氏体块宽之间的关系

4.3.2 塑性参量与马氏体多层次组织的关系

为了讨论塑性参量与马氏体多层系组织的关系,本书建立它们之间的关系,如图 4-16 所示。由图可知,随原奥氏体晶粒、马氏体束和块的粗化,除了裂纹萌生功(U_P),其他塑性指标均增加,表明试验钢中协调塑性变形的结构不是原奥氏体晶粒、马氏体束和块,原因是不满足细晶强化理论。

然而,随着板条宽度粗化,试验钢的断面收缩率、延伸率、静力韧度及裂纹扩展功递减,结合图 4-17 的结果知,马氏体板条与材料的塑性变形紧密相关。此外,单位体积裂纹萌生功 U_P 变化较小,细观之与其他塑性指标和多层次组织间的变化规律相反,主要原因是试验钢中大小角度界面对裂纹的萌生和扩展的影响不同:大角度界面增多,引起位错塞积严重,裂纹容易形核,从而导致裂纹萌生功较高;相反,小角度界面增多,位错容易穿过小角度界面,不易塞积,一方面材料抗起裂能力增加,另一方面材料的塑性协调能力增强。

为了进一步说明材料塑性的有效控制单元,利用 Hall-Petch 关系建立了 U_C、U_P 和 Z 与多层次组织间的关系,如图 4-17 和图 4-18 所示。根据图 4-17 的结果,虽然 U_C、Z 与原奥氏体晶粒、束和块呈线性关系,但为负相关,进一步反映了前面提到的结果。同时,只有马氏体板条宽与 U_C、Z 满足 Hall-Petch 关系,表明板条是塑性的有效控制单元,其斜率分别为 3 101.10 kJ·m^{-2}·μm$^{-1/2}$ 和 64.21 μm$^{-1/2}$,充分反映了板条在塑性协调中的重要作用。

另外,由图 4-18 可知,裂纹萌生功 U_P 与原奥氏体晶粒、束及块满足 Hall-Petch 关系,即随着它们的细化,大角度界面逐渐增多,从而导致位错塞积变得严重,裂纹容易起裂,进而裂纹的萌生功逐渐增加。

4.3.3 基体应变分析

前面提到,塑性断裂源于孔洞的形核-长大-合并,为了进一步讨论马氏体板条对塑性的控制作用,本书采用韧窝增长因子(R_v/R_i)对试验钢不同状态下的基体应变进行讨论[43-44]。韧窝增长因子(R_v/R_i)根据图 4-19 中韧窝形成示意图进行推导。材料的基体应变(ε_v)和第二相的应变(ε_i)通过以下方程进行估算:

$$\varepsilon_i = i/R_i \tag{4-15}$$

$$\varepsilon_v = 2v/(2R_v + 2a - 2R) = v/(R_v + a - R) \tag{4-16}$$

式中,R 为原始第二相颗粒的半径;R_v 和 R_i 分别为断裂后韧窝和第二相的半径。同时,v($v = R_v - R$)和 i($i = R - R_i$)分别表示韧窝和第二相的变化。$2a$ 表示两个相邻韧窝之间的距离。

前面已经表明该断裂为塑性断裂,断口表面全为韧窝,则 $a \approx 0$ 和 $R \ll R_v$,于是获得式(4-18)、式(4-19)。将式(4-16)、式(4-18)代入式(4-19),得到了韧窝增长因子的表达式(4-20)。根据式(4-20),韧窝增长因子随着基体应变的增加或第二相应变的增加而增加,然而多数第二相为脆性相,即 $\varepsilon_i \approx 0$。同时,基体应变(ε_v)反映了微裂纹与马氏体多层次组织间的相互作用,其与韧窝增长因子的关系,如式(4-20)所示。

$$\varepsilon_v = v/R_v \tag{4-17}$$

$$R_v - v = R_i + i \tag{4-18}$$

$$R_v/R_i = (1 + \varepsilon_i)/(1 - \varepsilon_v) \tag{4-19}$$

$$\varepsilon_v = 1 - R_i/R_v \tag{4-20}$$

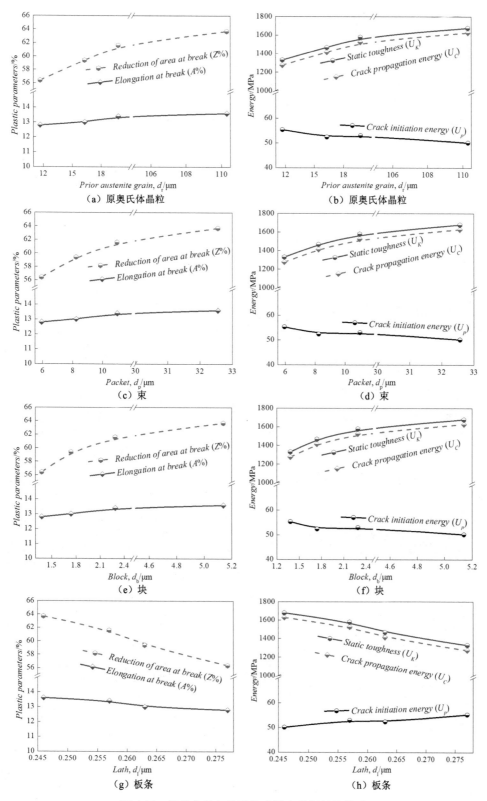

图 4-16　塑性参量与马氏体多层次组织间的关系

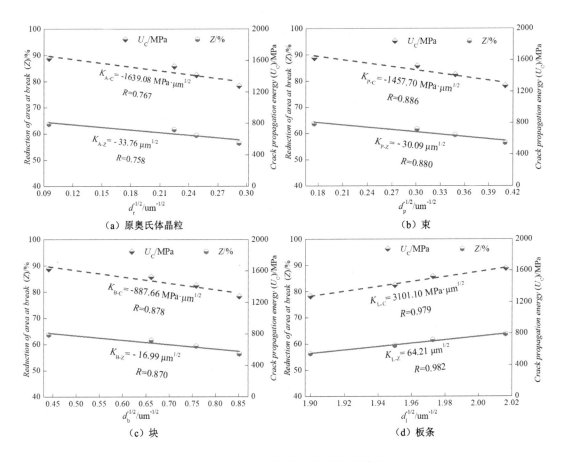

（a）原奥氏体晶粒 （b）束

（c）块 （d）板条

图 4-17 U_C、Z 与多层次二次方根的关系

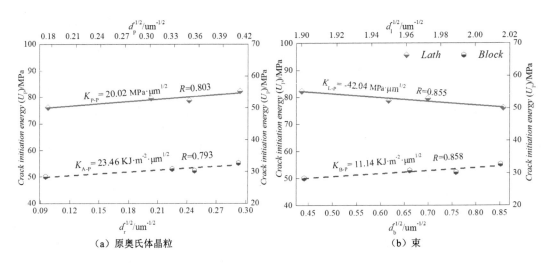

（a）原奥氏体晶粒 （b）束

图 4-18 U_P 与多层次二次方根的关系

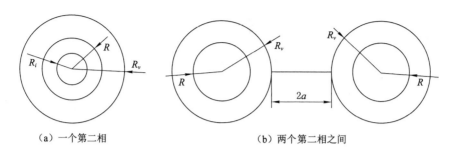

（a）一个第二相　　　　　（b）两个第二相之间

图 4-19　韧窝形成示意图

为了进一步对韧窝增长因子（R_v/R_i）和基体应变（ε_v）进行计算,对约 400 个韧窝进行了统计分析,如表 4-8 所示,且部分试验钢第二相与韧窝增长因子间关系显示在图 4-20 中。随着淬火温度的升高,第二相存在两种形式的变化:一种是第二相颗粒的长大;另一种是第二相的溶解或细化,其分别通过韧窝间距及分级韧窝来体现,即随淬火温度升高,韧窝间距是逐渐增加的,而且韧窝形貌也由均匀变得不均匀,尤其在 1 200 ℃存在较大较深的韧窝,也存在较小的韧窝形貌,但由于扫描电镜分辨率的限制,这里无法识别较小尺寸的第二相,但总的来说,第二相随淬火温度的升高其含量是逐渐减少的。同时,韧窝增长因子随淬火温度的升高而增加,高的韧窝增长因子决定了较好的韧性。

表 4-8　不同工艺下拉伸断口相关的统计参数

温度	$d_T/\mu m$	$X_0/\mu m$	$R_i/\mu m$	R_v/R_i	ε_v	L/W	W_T
900 ℃	1.22	1.14	0.044	10.09	0.895	21.44	0.746
1 000 ℃	1.49	1.48	0.058	13	0.917	31.37	0.81
1 100 ℃	1.99	1.91	0.09	16.07	0.928	42.84	0.855
1 200 ℃	4.57	4.30	0.198	19.97	0.939	132.36	0.946

由表 4-8 可知,试验钢的基体应变（ε_v）均较高,都在 89％以上,其反映了在 20CrNi2Mo 中,基体的塑性变形明显,即微裂纹与马氏体多层次组织间的相互作用非常明显。同时,随着淬火温度升高,即原奥氏体晶粒的粗化,基体应变逐渐增加,其原因可能与马氏体板条的数量及长宽比紧密相关:板条的数量越多,微裂纹与板条的相互作用的概率就越高,如图 4-21（a）所示,即随着板条数量的增加,基体应变增加;此外,板条的长宽比增大,则微裂纹绕过板条扩展变得困难,也提高了微裂纹横穿板条的概率,如图 4-22（b）所示,随着板条长宽比的增加,基体应变增加。因此,随淬火温度的增加,晶粒粗化,马氏体板条的数量和长宽比都明显增加,从而导致了板条在粗晶中对微裂纹的阻碍作用变得越来越重要。

图 4-23 显示了基体应变与塑性参量之间的关系,结果表明,各塑性参量与基体应变均呈线性增加关系,较大的基体应变程度决定了试验钢较好的塑性。同时,这一结果充分说明了马氏体板条对塑性的决定作用,这也是本书的一个重要结论。由图 4-23（b）可以看出,其斜率高达 7 983.43 MPa 和 7 865.04 MPa,充分反映了基体的应变量对塑性变形过程中消耗的能量的影响。板条作为塑性的有效晶粒,如何协调塑性变形的,后做进一步讨论。

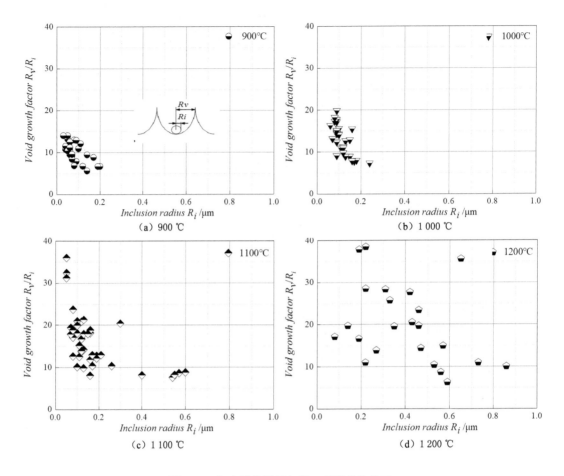

图 4-20 韧窝增长因子与第二相颗粒的关系

4.3.4 微裂纹扩展分析

为了进一步讨论马氏体板条对塑性变形的协调作用,本书对断口的纵向剖面图进行分析。为了避免拉伸断后遭受外来损伤,首先对断口进行镀镍保护,然后沿纵向切开,采用金相分析和 EBSD 对截面组织进行分析。

本部分主要针对粗晶和细晶两种状态对马氏体多层次组织与裂纹的相互作用进行分析,所以选择 900 ℃和 1 200 ℃两组试样进行讨论。图 4-24 显示了粗晶和细晶的裂纹扩展情况,明显可以看出裂纹大多数区域都是穿束而过,进一步反映了微裂纹与板条的作用。同时,对比粗晶和细晶两种状态,结果表明:细晶状态下,马氏体束的变形程度较小,而且存在许多小平台,其可能原因是细晶试样中晶粒、束、块及板条的长宽比较小,微裂纹在局部区域易选择沿界面扩展;然而,在粗晶中,由于板条具有较大的长宽比及较多的数量,微裂纹遇到板条的概率增加,而且马氏体束结构产生了明显的塑性变形,如图 4-24(b)所示。

根据前面的分析,本书建立了裂纹扩展的模型图,如图 4-25 所示。细晶状态下的马氏体束结构随机分布,呈各向异性状态,裂纹扩展的随意性较大,易选择阻力较小的界面扩展。然而,相对于细晶,粗晶试样中马氏体束结构分布规则,且大角度界面较少,微裂纹与板条作

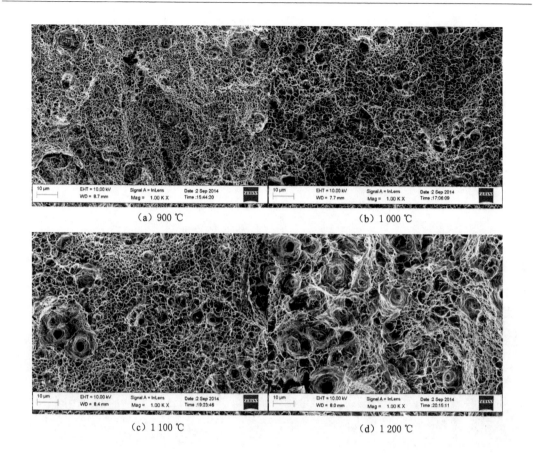

（a）900 ℃　　　　　　　　　　　（b）1 000 ℃

（c）1 100 ℃　　　　　　　　　　　（d）1 200 ℃

图 4-21　试验钢的韧窝分布特征

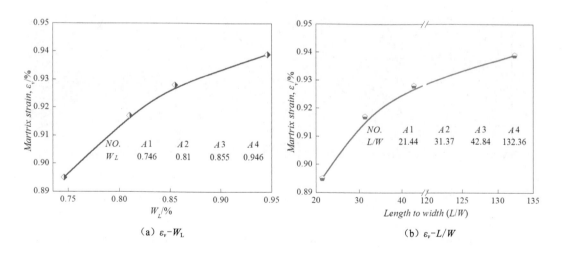

（a）ε_v-W_L　　　　　　　　　　　（b）ε_v-L/W

图 4-22　基体应变与板条数量、长宽比的关系

用明显高于细晶。众所周知,裂纹扩展时必须遵循应力准则和强度准则,应力准则决定了裂纹的主扩展方向,而强度准则决定了裂纹的实时扩展路径,也就是说,裂纹首先选择阻力较小的方向进行扩展,当远离主扩展方向一定距离时,由于动力不足,裂纹又将回到主扩展方

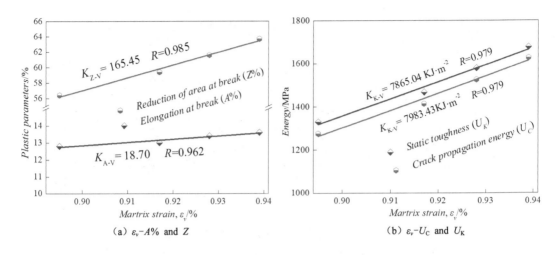

（a）ε_v-$A\%$ and Z （b）ε_v-U_C and U_K

图 4-23　基体应变与塑性参量的关系

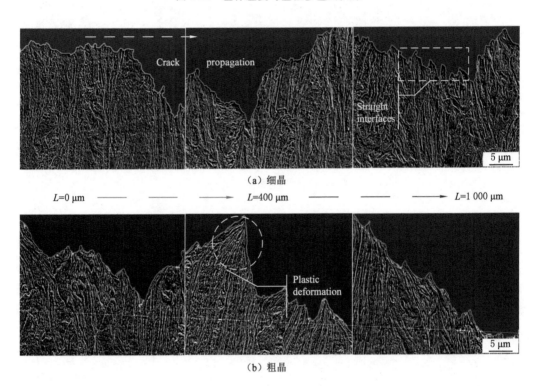

（a）细晶

L=0 μm ——————→ L=400 μm ——————→ L=1 000 μm

（b）粗晶

图 4-24　0 μm（中心）到 1 000 μm 裂纹扩展路径

向，此时微裂纹将与马氏体束结构中的板条相遇，消耗较多的能量。所以，在 20CrNi2Mo 钢中，微裂纹首先会沿着界面扩展，然后剪断板条作用回到裂纹的主扩展方向，当板条的长宽比越大、数量越多及大角度界面越少时，裂纹与板条的作用越强烈，这就是粗晶塑性较好的根本原因。

　　前面的研究结果仍然没有说明板条是如何协调塑性变形的，接下来，我们利用 EBSD 对裂纹的扩展进行分析，如图 4-26 所示。由图可知，无论粗晶还是细晶，裂纹边缘的马氏体束

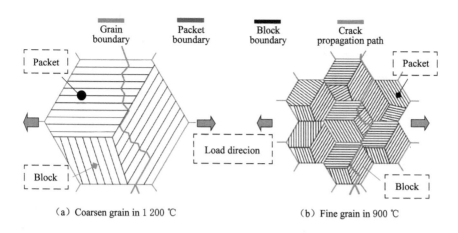

（a）Coarsen grain in 1 200 ℃　　　　（b）Fine grain in 900 ℃

图 4-25　微裂纹的扩展模型

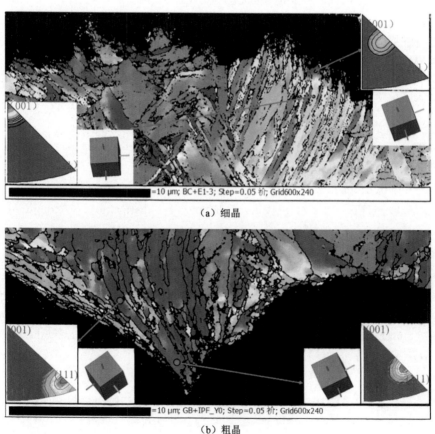

（a）细晶

（b）粗晶

图 4-26　裂纹扩展的 EBSD 分析

结构均发生了明显的弯曲变形,这种弯曲变形是在外力作用下裂纹尖端马氏体板条为了协调塑性变形导致的,同时消耗了大量的塑性变形能且不断拉长细化,最终被切断,在粗晶中,因较大的长宽比,板条的弯曲变得更明显。同时,裂纹边缘的板条取向与远离裂纹的板条取向不同,其可能是由于板条界面本身是小角度界面,存在取向差异,在外力作用下由于旋转而朝一定方向重新取向,这由图 4-26 中的反极图可以明显看出来。

综上所述,在低碳板条马氏体钢中,由于马氏体板条的旋转、弯曲及最终切断,其对试验钢的塑性起到决定性的作用。

参 考 文 献

[1] KRAUSS G. Martensite in steel: strength and structure[J]. Materials science and engineering: A, 1999, 273/274/275: 40-57.

[2] MORITO S, YOSHIDA H, MAKI T, et al. Effect of block size on the strength of lath martensite in low carbon steels[J]. Materials science and engineering: A, 2006, 438/439/440: 237-240.

[3] GRANGE R A. Strengthening steel by austenite grain refinement[J]. ASM-trans., 1966, 59: 2648.

[4] ROBERTS M J. Effect of transformation substructure on the strength and toughness of Fe-Mn alloys[J]. Metallurgical transactions, 1970, 1(12): 3287-3294.

[5] TOMITA Y, KABAYASHI K. Effect of microstructure on strength and toughness of heat-treated low alloy structural steels[J]. Metallurgical transactions: A, 1986, 17(7): 1203-1209.

[6] WANG C F, WANG M Q, SHI J, et al. Effect of microstructure refinement on the strength and toughness of low alloy martensitic steel[J]. Journal of materials sciences and technology, 2007, 23(5): 659-664.

[7] LUO Z J, SHEN J C, SU H, et al. Effect of substructure on toughness of lath Martensite/Bainite mixed structure in low-carbon steels[J]. Journal of iron and steel research, international, 2010, 17(11): 40-48.

[8] WANG C F, WANG M Q, SHI J, et al. Effect of microstructural refinement on the toughness of low carbon martensitic steel[J]. Scripta materialia, 2008, 58(6): 492-495.

[9] ZHANG C Y, WANG Q F, KONG J L, et al. Effect of martensite morphology on impact toughness of ultra-high strength 25CrMo48V steel seamless tube quenched at different temperatures[J]. Journal of iron and steel research, international, 2013, 20(2): 62-67.

[10] ZACKAY V F, PARKER E R, GOOLSBY R D, et al. Untempered ultra-high strength steels of high fracture toughness[J]. Nature physical science, 1972, 236(68): 108-109.

[11] SHIBATA A, NAGOSHI T, SONE M, et al. Evaluation of the block boundary and sub-block boundary strengths of ferrous lath martensite using a micro-bending test [J]. Materials science and engineering: A, 2010, 527(29/30): 7538-7544.

[12] MICHIUCHI M, NAMBU S, ISHIMOTO Y, et al. Relationship between local deformation behavior and crystallographic features of as-quenched lath martensite during uniaxial tensile deformation[J]. Acta materialia, 2009, 57(18): 5283-5291.

［13］ NAMBU S, MICHIUCHI M, ISHIMOTO Y, et al. Transition in deformation behavior of martensitic steel during large deformation under uniaxial tensile loading ［J］. Scripta materialia, 2009, 60(4):221-224.

［14］ SHERMAN D H, CROSS S M, KIM S, et al. Characterization of the carbon and retained austenite distributions in martensitic medium carbon, high silicon steel［J］. Metallurgical and materials transactions: A, 2007, 38(8):1698-1711.

［15］ MARESCA F, KOUZNETSOVA V G, GEERS M D. On the role of interlath retained austenite in the deformation of lath martensite［J］. Modelling and simulation in materials science and engineering, 2014, 22(4):045011.

［16］ MARESCA F, KOUZNETSOVA V G, GEERS M G D. Subgrain lath martensite mechanics: a numerical-experimental analysis ［J］. Journal of the mechanics and physics of solids, 2014, 73:69-83.

［17］ CUI J, CHU Y S, FAMODU O O, et al. Combinatorial search of thermoelastic shape-memory alloys with extremely small hysteresis width［J］. Nature materials, 2006, 5(4):286-290.

［18］ LEWANDOWSKI J J, THOMPSON A W. Effects of the prior austenite grain size on the ductility of fully pearlitic eutectoid steel［J］. Metallurgical transactions A, 1986, 17(3):461-472.

［19］ ZHANG N X, KAWASAKI M, HUANG Y, et al. Influence of grain size on superplastic properties of a two phase Pb-Sn alloy processed by severe plastic deformation［J］. Journal of materials and metallurgy, 2015, 14(4):255-262.

［20］ ARASARATNAM P, SIVAKUMARAN K S, TAIT M J. True stress-true strain models for structural steel elements［J］. ISRN civil engineering, 2011, 2011:1-11.

［21］ YUN L. Uniaxial true stress-strain after necking［J］. AMP journal of technology, 2004, 5:37-48.

［22］ CHOUNG J M, CHO S R. Study on true stress correction from tensile tests［J］. Journal of mechanical science and technology, 2008, 22(6):1039-1051.

［23］ 束德林. 工程材料力学性能［M］. 2 版. 北京:机械工业出版社, 2007.

［24］ 金淑荃, 赵宗鼎. 软马氏体不锈钢形变硬化指数探讨［J］. 物理测试, 1989, 7(4):29-31.

［25］ 安祥海, 吴世丁, 张哲峰. 层错能对纳米晶 Cu-Al 合金微观结构、拉伸及疲劳性能的影响［J］. 金属学报, 2014, 50(2):191-201.

［26］ 戴起勋, 王安东, 程晓农. 低温奥氏体钢的层错能［J］. 钢铁研究学报, 2002, 14(4):34-37.

［27］ 康永林, 于浩, 王克鲁, 等. CSP 低碳钢薄板组织演变及强化机理研究［J］. 钢铁, 2003, 38(8):20-26.

［28］ LI S C, ZHU G M, KANG Y L. Effect of substructure on mechanical properties and fracture behavior of lath martensite in 0.1C-1.1Si-1.7Mn steel［J］. Journal of alloys and compounds: an interdisciplinary journal of materials science and solid-state chemistry and physics, 2016, 675:104-115.

[29] 王春芳. 低合金马氏体钢强韧性组织控制单元的研究[D]. 北京:钢铁研究总院,2008.

[30] 刘春明,王建军,林仁荣,等. 微量碳在钢铁材料细晶强化中的作用[J]. 材料科学与工艺,2001,9(3):301-304.

[31] 李鸿美,张慧杰,孙力军,等. 超低碳钢的强化机制研究[J]. 稀有金属,2010,34(增 1):97-100.

[32] 王克鲁,鲁世强,李鑫,等. 微合金高强度低碳贝氏体钢中不同强化方式的作用[J]. 机械工程材料,2009,33(12):27-29.

[33] 黎永钧. 低碳马氏体的组织结构及强韧化机理[J]. 材料科学与工程,1987,5(1):22,39-47.

[34] 李建华,方芳,习天辉,等. 微合金化 3.5Ni 钢的强化机理[J]. 材料工程,2010,38(5):1-4.

[35] 刘颖. 含铌微合金钢强韧化机理的研究[D]. 西安:西安建筑科技大学,2007.

[36] SHTREMEL M A,ANDREEV Y G,KOZLOV D A. The structure and strength of lath martensite[J]. Metal science and heat treatment,1999(4):10-15.

[37] ANSELL G S,DONACHIE S J,MESSLER R W. The effect of quench rate on the martensitic transformation in Fe-C alloys[J]. Metallurgical transactions,1971,2(9):2443-2449.

[38] 张慧杰,李鸿美,项金钟,等. 超低碳马氏体钢的强化机理[C]//全国青年材料科学技术研讨会,2009.

[39] NORSTROM L A. On the yield strength of quenched low-carbon lath martensite[J]. Scandinavian journal of metallurgy,1976,5(4):159-165.

[40] 胡赓祥,蔡珣,戎咏华. 材料科学基础[M]. 3 版. 上海:上海交通大学出版社,2010.

[41] KRISHNA N N,SIVAPRASAD K,SUSILA P. Strengthening contributions in ultrahigh strength cryorolled Al-4％ Cu-3％ TiB_2 in situ composite[J]. Transactions of nonferrous metals society of China,2014,24(3):641-647.

[42] RITCHIE R O,THOMPSON A W. On macroscopic and microscopic analyses for crack initiation and crack growth toughness in ductile alloys[J]. Metallurgical transactions A,1985,16:233-248.

[43] LIANG Y L,LEI M,ZHONG S H. The relationship between fracture toughness and Notch toughness, tensile ductilities in lath martensite steel[J]. Acta metallrugica sinica,1998,34(9):950-958.

[44] SOTO K. Improving the toughness of ultrahigh strength steel[R]. Office of scientific and technical information(OSTI),2002.

第 5 章　条状马氏体多层次组织对韧性的影响

近年来,关于马氏体钢韧性有效控制单元的研究层出不穷,通过 EBSD、Hall-Petch 关系等深入研究了马氏体多层次组织对韧性的控制作用。例如,Kaijalainen 等[1]研究了在直接淬火下原奥氏体晶粒尺寸对强度和韧性的影响,认为原奥氏体晶粒为强韧性的控制单元。Roberts[2]在 Fe-Mn 合金(0.003%C-4.9%Mn)研究中发现,韧脆转变温度深受转变后的亚结构和转变相的尺寸影响,最终认为马氏体束是强韧性的有效晶粒。王春芳[3]对 17CrNiMo6 板条马氏体钢的研究也得到类似结论。Luo 等[4]讨论了低碳 NiCrMoV 钢板条亚结构与韧性的关系,发现随着板条束宽和板条块尺寸的减小,马氏体钢的韧性增加,还发现马氏体束界和块界都对裂纹扩展有明显的阻碍作用。此外,板条束宽和板条块尺寸与冲击韧性均遵循 Hall-Petch 关系,且板条块的尺寸远小于板条束宽。因此,认为板条块尺寸是板条马氏体韧性的有效晶粒尺寸。关于马氏体板条,Naylor[5]在 0.065C-0.97Mn-2.32Cr-0.83Ni-0.19Mo-0.31Si 钢研究中发现:领域和条宽的共同减小,会使韧脆转变温度显著下降,表明了板条对韧性存在较大影响。Hsu 等[6]在对超高强度钢的设计中,发现 0.485C-1.195Mn-1.185Si-0.98Ni-0.21Nb(wt%)钢经 Q-P-T 热处理后,其马氏体条宽仅几十纳米,比一般钢中条宽低一个数量级,条细化也将使钢的韧性大为提高。

以上对韧性的研究主要集中于脆性断裂,而脆性断裂受大角度界面的影响较大,但对于塑性断裂的有效晶粒报道较少。本书利用 EBSD、Hall-Petch 关系等分析韧性的有效控制单元,深入研究该层次组织对裂纹作用的原理。

5.1　断裂韧性 J_{IC}

本研究中,采用三点弯试样及单试样法对试验钢的断裂韧性 J_{IC} 进行测试。试验在 INSTRON8501 试验机上完成,采用两根试样进行测试,一根测试后对断口形貌进行分析,一根用于分析其裂纹扩展。最终对测试数据进行处理。

5.1.1　疲劳裂纹的预制

断裂韧性测试前,首先对疲劳裂纹进行预制。为了获得较平直的疲劳裂纹,避免预制太长而引起裂纹的偏移,本书根据国标要求,确定预制裂纹的长度约为 3 mm,且通过恒 ΔK 法进行加载。表 5-1 显示不同淬火温度下试验钢的 ΔK(应力强度因子)的大小,结果表明随淬火温度的增加,ΔK 是逐渐增加的。

表 5-1 不同工艺下试验钢预制裂纹的 Δ*K*

No.	900 ℃	1 000 ℃	1 100 ℃	1 200 ℃
$\Delta K/\text{MPa} \cdot \text{m}^{-2}$	28.5	29	29.5	30

同时,试验机预制裂纹加载频率为 10 Hz,因此控制裂纹扩展速度约为 1×10^{-4} mm/循环,共需 30 000 次以上。

根据前面提到的 Δ*K* 和裂纹扩展速率,可以间接判断不同淬火工艺下试验钢韧性,如图 5-1 所示。结果显示 Δ*K* 随淬火温度升高逐渐增加,也就是说裂纹扩展的门槛值逐渐增加,然而裂纹的扩展速率却略有降低,即在高温淬火条件下试验钢微观组织对裂纹扩展的阻碍作用较大,图 5-1(b) 中的比值也说明了这一结论。

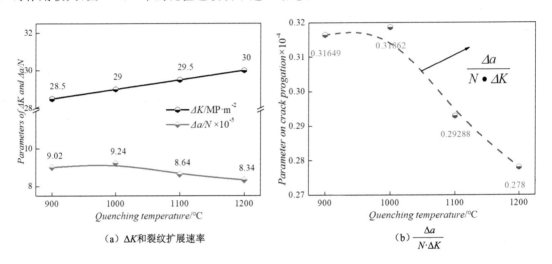

(a) Δ*K* 和裂纹扩展速率   (b) $\dfrac{\Delta a}{N \cdot \Delta K}$

图 5-1 Δ*K* 和裂纹扩展速率与淬火条件的关系

5.1.2 断裂韧性测试结果

对前面预制好的疲劳裂纹进行加载-卸载处理。其测试参数为:首次加载载荷为预制疲劳裂纹最终载荷的 0.8 倍;施加载荷速度为 0.5 mm/min;为了获得较平滑的载荷位移曲线,该试验进行了 30 次加载-卸载处理,最终选取部分有效数据进行分析。

图 5-2 显示了了不用工艺下(具有不同尺度组织)试验钢的 *J*-2*a* 曲线。图 5-2 列取了 *J*-Δ*a* 曲线的钝化线、左边界线及 *A* 区。根据国标要求,上边界大于 1 200 kJ·m^{-2},右边界大于 1,且 *A* 区内至少存在一个数据点,而且有效区的数据点都在 8 个点以上,该测试曲线均满足要求。本研究根据相关文献,定义 Δ*a* 为 0.2 mm 位置的 *J* 积分值作为试验钢的 *J*IC 值,直线 l_2 与拟合曲线的交点所示。

为了进一步分析试验钢 *J* 积分与裂纹增量 Δ*a* 的关系,本书利用非线性拟合对图 5-2 中的数据点进行拟合,发现四种工艺下 *J*-Δ*a* 均满足 Belehradek(别莱赫拉德克)方程,如式(5-1)所示,其与 *J* 积分的幂乘规律 $J = C_1 \Delta a^{C_2}$ 不谋而合,但由于测试的偏差,通过常数 C_2 进行调整,而 C_2 是非常小的,基本可以忽略不计。同时,随淬火温度增加,C_1 和 C_3 均明显增加,最终确定了试验钢的断裂韧度,如表 5-2 所示。结果表明,*J* 随 Δ*a* 的增加而快速增

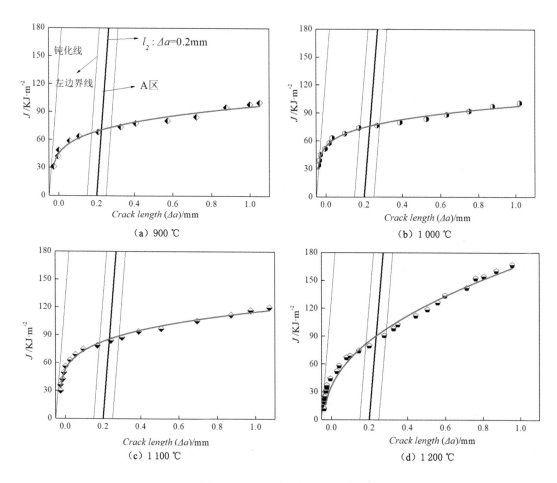

图 5-2　J 积分与裂纹增量关系

加,可能是不同工艺下组织对裂纹的阻碍作用增强的缘故。

$$J = C_1(\Delta a - C_2)^{C_3} \approx C_1 \Delta a^{C_3} \qquad (5\text{-}1)$$

表 5-2　不同工艺下 Belehradek 方程各参数值

温度	C_1	C_2	C_3	R^2	$J_{IC}/\text{kJ} \cdot \text{m}^{-2}$
900 ℃	91.37	−0.033	0.145	0.980	70.8
1 000 ℃	96.69	−0.02	0.185	0.990	78.9
1 100 ℃	114.46	−0.028	0.217	0.992	86.7
1 200 ℃	163.82	−0.037	0.460	0.988	90.4

5.1.3　断口形貌分析

三点弯试样断口表面包括线切割区、疲劳预裂区、伸张区(钝化区)、裂纹扩展区和压断区[7]。伸张区位于断面中部 3/8～5/8 宽度的位置,当预制的疲劳裂纹体受载时,在裂尖塑性区产生大量的滑移,许多相应的交叉滑移使其断口呈现"蛇形滑移"特征,进一步变形使得许多间距较小的滑移面相继启动,使"蛇形滑移花样"平坦化变成"涟波花样"。然后,随着变形的进行,涟波花样变得更平坦,这就是伸张区[8]。

伸张区简称 SZW,包括一次疲劳区(预制疲劳裂纹区)与二次疲劳区(加载-卸载区)之间的平坦区域,它是由于复杂的塑性滑移而导致的。伸张区的宽度随载荷的增加而增加,只有全面起裂时伸张区才达到饱和,此后随载荷的增加该区的宽度不变。实际上,疲劳裂纹也并非理想尖裂纹,在循环载荷作用下,裂纹前缘局部区域要发生塑性变形,而广大区域处于弹性范围。当卸载时,弹性区的恢复作用,在裂纹附近引起残余应力,发生闭合效应。所以,当施加载荷低于最大疲劳载荷时,裂纹是不发生钝化的,只有超过最大疲劳载荷,才出现伸张区[9]。

一些研究表明伸张区宽度与材料的力学性能有关。荣伟等[8]通过大量的试验数据拟合揭示了伸张区宽度(l)与材料的屈服强度(σ_s)、形变硬化指数(n)密切相关,即 l 与 $\dfrac{\sigma_s}{1+n}$ 呈线性关系,如式(5-2)所示;McMeeking[9]讨论了大范围屈服条件下裂纹张开位移与伸张区的关系,发现了式(5-3)的关系;McMeekin[10]考虑流变应力 σ_Y、应变硬化指数的影响,得到式(5-4);Kobayashi 等[11-12]通过系统地测量高强钢、中强钢、钛合金、铝合金及 304 不锈钢等材料的 l 与 J 积分的关系曲线发现,l 与流变应力无关,而与 $\dfrac{J}{E}$(E 为弹性模量)呈线性关系,如式(5-5)、式(5-6)所示。

$$l = 102.6 - 0.106\left(\frac{\sigma_s}{1+n}\right) \pm 4.43 \tag{5-2}$$

$$l = \frac{J}{2\lambda\sigma_s} \tag{5-3}$$

$$l = \frac{J}{n\sigma_Y} \tag{5-4}$$

$$l = C\frac{J}{E}(C = 89) \tag{5-5}$$

$$l = -3.86 \times 10^{-3} + 89.8\frac{J}{E} \tag{5-6}$$

基于以上研究,本书分别通过 SEM 观察和理论计算对 20CrNi$_2$Mo 钢的伸张区进行分析。疲劳裂纹前缘的钝化区较平坦,为了便于观察,选择在 100 倍下进行,如图 5-3 两竖线中间区域所示,并与理论计算进行比较[用式(5-5)进行计算,见表 5-3]。结果表明,随着淬火温度的升高,试验钢的断裂韧性递增,且伸张区宽度也随之增加,这就说明伸张区的产生,推迟了孔洞的形成,从而改善了材料的韧性。同时,计算值和测量值是非常接近的,说明了测试分析的有效性。

表 5-3　试验钢伸张区宽度的计算值和测量值

温度	E	$J_{IC}/kJ \cdot m^{-2}$	l(测)$/\mu m$	l(计)$/\mu m$
900 ℃	197 832.8	70.8	32.3	31.9
1 000 ℃	198 016.2	78.9	35.2	35.5
1 100 ℃	196 207.9	86.7	39.8	39.2
1 200 ℃	196 369.8	90.4	42.7	41

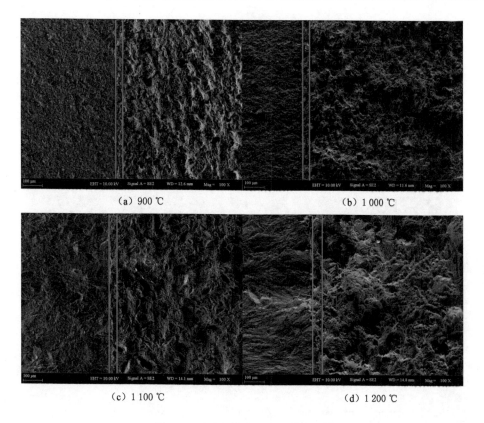

(a) 900 ℃　　　　　　　　　　　(b) 1 000 ℃

(c) 1 100 ℃　　　　　　　　　　　(d) 1 200 ℃

图 5-3　试验钢伸张区的 SEM 观察

通常,韧性断裂中韧窝的大小、深浅是材料韧性的直接反映。一般认为[13-14],韧窝尺度或间距越大,试验钢的韧性越好,如式(5-7)和式(5-8)所示;但也有研究认为,以上是假设韧窝深度相同的情况下。而较浅的韧窝反映了较差的韧性[15],如式(5-9)所示。

$$J_{\mathrm{IC}} = \frac{\pi}{4}\sigma_{\mathrm{f}} \cdot \varepsilon_{\mathrm{f}} \cdot \overline{\lambda} \cdot g(\varepsilon_{\mathrm{f}}', n) \tag{5-7}$$

$$J_{\mathrm{IC}} = \frac{2}{3}\sigma_{\mathrm{b}} \cdot \varepsilon_{\mathrm{f}} \cdot d_{\mathrm{c}} \cdot \ln(\frac{2}{3}\frac{\varepsilon_{\mathrm{f}}}{\varepsilon_{\mathrm{y}}}) \tag{5-8}$$

$$J_{\mathrm{IC}} \propto \frac{\sigma_{\mathrm{s}}}{3} \cdot \ln(\frac{M^2}{3f_{\mathrm{p}}})l_0^m (M = H/W) \tag{5-9}$$

图 5-4 显示了不同工艺下试验钢断裂韧性试样的断口形貌,明显可以看出断口表面全为韧窝,且发现随淬火温度的升高,韧窝的大小、深度也明显增加,直接表明较高温度下试验钢韧性较好。为了定量分析韧窝的尺寸,本研究选取 5～7 个视场(1 000～3 000 倍)约 500 个韧窝进行统计计算,如图 5-5 所示。由图 5-5 可知,随淬火温度的升高,韧窝尺寸分布曲线右移,体现了韧窝长大。同时还可以看出,不同工艺下韧窝尺寸的分布变宽,且峰值逐渐降低,表明在较低的淬火温度下,韧窝较集中,随着温度的升高,韧窝尺寸变得不均匀,这可能与不同工艺下的组织状态有关。根据统计的数据求平均值,如 $\overline{d}$ 所示,但为了减小统计误差,这里去掉了统计值中所占比例小于 5% 的统计数据,如 $\overline{d}_{\mathrm{m}}$ 所示,并将其作为实际韧窝尺寸 d_{c}。

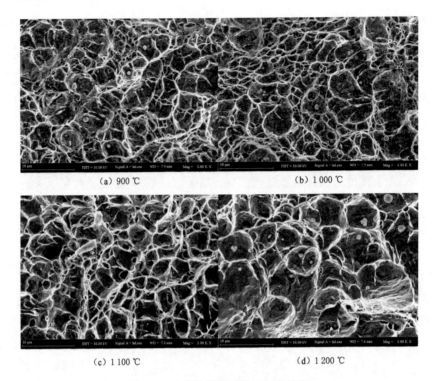

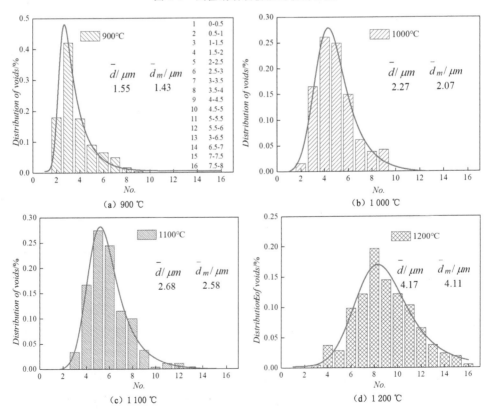

图 5-4   试验钢断裂韧性的韧窝特征

图 5-5   韧窝尺寸分布图

研究表明[16]，韧窝的形成、长大及聚合过程与材料的宏观力学性能有着紧密联系。早期研究发现，抗拉强度对应微孔形成的应力值，大量的微孔形核于颈缩前后。这里采用断裂应变 ε_f、最大载荷处的应变 ε_b 反映萌生期和扩展期的大小。微孔萌生期（$\varepsilon_b/\varepsilon_f$）越长，孔穴一旦形成，其聚合长大的条件越充分，孔穴侧向长大越快，但韧窝表现得越浅；而孔穴形成后，材料的形变硬化能力和临界塑性功控制韧窝的长大聚合。材料的形变硬化能力主要是抑制孔穴的长大而不是产生，较高的形变硬化能力导致孔穴的长大阻力较大，长大较慢。因此，韧窝的长大、聚合过程实际上是基体的应变硬化和孔穴长大过程中的应变软化的综合体现，应变硬化指数（n）越大，也间接反映了萌生后的孔穴越小[15]。长大、聚合期（$(\varepsilon_f-\varepsilon_b)/\varepsilon_f$）越长，该作用越明显。

根据第 4 章的拉伸测试分析，可获得试验钢的一些力学参量，如表 5-4 所示。分析可知，应变硬化指数 n 随淬火温度升高而逐渐降低，表明孔穴的长大引起的应变软化变得明显，及韧窝尺寸变大；然而，试验钢的孔穴萌生期 $\varepsilon_b/\varepsilon_f$ 随淬火温度升高而降低，所以在较低的淬火温度下，孔穴形核充分，侧向长大较快，形成较浅的韧窝，反之则相反。此外，试验钢长大、聚合期[$(\varepsilon_f-\varepsilon_b)/\varepsilon_f$]随温度升高有所增加，这也揭示了在较高的温度下，孔穴长大、聚合的时间长，则韧窝尺寸深且大。

表 5-4　试验钢力学性能参数

温度	σ_s/MPa	σ_b/MPa	σ_f/MPa	n	ε_b/%	ε_f/%	$\varepsilon_b/\varepsilon_f$	$(\varepsilon_f-\varepsilon_b)/\varepsilon_f$
900 ℃	1 181.79	1 482.43	1 761.59	0.121	0.04	0.822	0.049	0.951
1 000 ℃	1 122.79	1 408.64	1 831.26	0.116	0.04	0.902	0.044	0.956
1 100 ℃	1 096.36	1 401.80	1 852.70	0.112	0.04	0.956	0.042	0.958
1 200 ℃	1 074.81	1 380.74	1 873.96	0.108	0.04	1.012	0.040	0.96

荣伟等[8]结合 Firrao 等[17]的研究结论，推导出断裂韧性 J_{IC} 与屈服强度、断裂真应力、SZW（伸张区）的宽度（l）及韧窝尺寸（d_c）的关系，如式（5-10）所示，其中在低碳钢中常数 η 约等于0.75。然而，将表 5-4 及表 5-5 中参数值代入式（5-10），分别得到断裂韧性值为：7 720 kJ·m^{-2}，3 536.52 kJ·m^{-2}，2 967.88 kJ·m^{-2} 和 1 789.60 kJ·m^{-2}，计算值与前面的测量值相差甚远，而且变化规律呈下降趋势，这种结果源于伸张区宽度（l）确定误差。前面计算的 l 包括真实钝化区（l^*）和钝化区向延性扩展区过渡的区域，在低倍下观察很难识别。于是，本研究在 2 000 倍下进行观察，并调整明暗度，很明显观察到一条白色亮带，如图 5-6 所示，其作为分界线，亮带以上为预制疲劳裂纹末端，以下为裂纹缓慢扩展区，有较小的韧窝出现。这条亮带的宽度就是真实钝化区（l^*）的宽度，通过统计 5 个视场 50 个位置数据，得到亮带的宽度，如表 5-5 所示。

将所有参量代入式（5-10）重新计算，得出材料的断裂韧性计算值与试验值非常相近，误差较小（测量钝化区宽度带来的误差），结果进一步阐明了分析的有效性。此外，由图 5-6 可知，同一试样不同区域的钝化区宽度也可能不同，这可能与试验钢马氏体组织的取向有关。

$$J_{IC} = \eta \cdot \frac{\pi}{2} \cdot \sigma_f \cdot \left[\frac{1}{\exp(\sqrt{3}/2 \cdot \sigma_f/\sigma_s - 1) - 1} \right]^{3/2} \cdot \frac{l^2}{d_c} \tag{5-10}$$

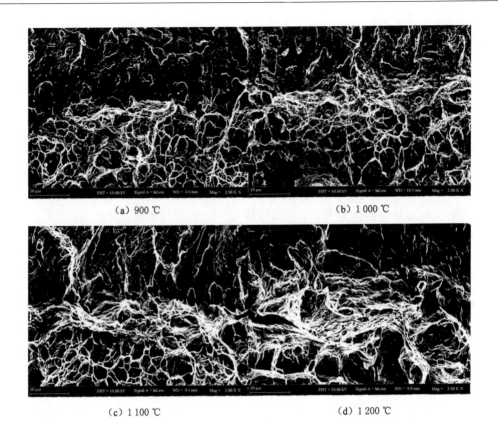

(a) 900 ℃　　　　　　　　　　(b) 1 000 ℃

(c) 1 100 ℃　　　　　　　　　　(d) 1 200 ℃

图 5-6　真实钝化区宽度的 SEM 观察

表 5-5　真实钝化区宽度及断裂韧性计算

温度	$d_c/\mu m$	$X_0/\mu m$	$l/\mu m$	$l^*/\mu m$	$(l-l^*)/\mu m$	J_{IC}（计算）	J_{IC}（测试）	误差	ζ
900 ℃	1.43	1.38	32.3	3.20	29.04	75.88	70.8	0.082	2.24
1 000 ℃	2.07	1.81	35.2	5.32	29.88	80.52	78.9	0.021	2.57
1 100 ℃	2.58	2.26	39.8	6.75	33.05	85.50	86.7	−0.014	2.62
1 200 ℃	4.11	4.08	42.7	9.68	32.32	92.52	90.4	0.023	2.36

荣伟等认为钝化区和韧窝是断裂留下的微观痕迹，二者必然存在某种联系，于是他们提出 $\zeta=l^*/d_c$ 为常数，其是与材料组织状态相关的参量，由表 5-5 可以看出，ζ 基本一致。式（5-10）可以改写成式（5-11）或式（5-12），然后利用断裂韧性与 J_{IC} 与钝化区宽度 l^* 和韧窝尺寸 d_c 进行线性拟合，如图 5-7 所示。结果表明，J_{IC} 与 l^* 和 d_c 均满足线性关系，其斜率分别为 $M_1=3.09\ kJ \cdot m^{-2} \cdot \mu m^{-1}$ 和 $M_2=6.96\ kJ \cdot m^{-2} \cdot \mu m^{-1}$。即使在不同工艺下，材料的强度不同，但 M_1 和 M_2 基本保持不变，表明 M_1 和 M_2 是与组织状态相关的参量。

$$J_{IC} = \eta \cdot \frac{\pi}{2} \cdot \sigma_f \cdot \zeta \cdot \left[\frac{1}{\exp(\sqrt{3}/2 \cdot \sigma_f/\sigma_s - 1) - 1} \right]^{3/2} \cdot l^* \tag{5-11}$$

$$J_{IC} = \eta \cdot \frac{\pi}{2} \cdot \sigma_f \cdot \zeta^2 \cdot \left[\frac{1}{\exp(\sqrt{3}/2 \cdot \sigma_f/\sigma_s - 1) - 1} \right]^{3/2} \cdot d_c \tag{5-12}$$

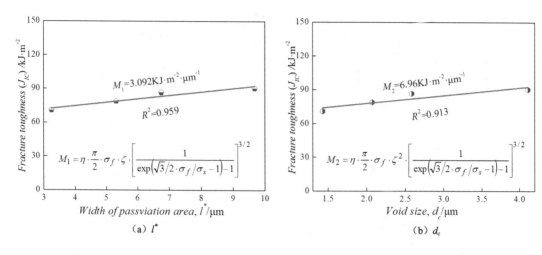

图 5-7　断裂韧性 J_{IC} 与微观参量的线性关系

5.1.4　多层次组织与断裂韧性的关系

前面对纹裂韧性与微观参量、力学性能参量之间的关系进行了详细研究,而真正决定材料断裂韧性的内在因素为试验钢的组织状态,因此,本书通过裂纹扩展深入分析板条马氏体多层次组织应变控制的断裂对断裂韧性 J_{IC} 的影响。

众所周知,脆性断裂中,大角度取向界面强烈阻碍裂纹的扩展,裂纹的偏折将消耗大量的能量,所以王春芳、罗志军等认为马氏体束或块是韧性的有效晶粒。而在塑性断裂过程中,是否依然如此,需进一步验证。此外,有研究[18-20]认为材料的断裂韧性随晶粒的粗化而降低,而也有相关报道[21-22]表明随晶粒的粗化断裂韧性逐渐增加,其为材料的设计和研究提供了新的方向。塑性断裂之前发生明显的塑性变形,其对分析检测带来较大困难,本书将利用 EBSD、Hall-Petch 关系揭示马氏体板条对裂纹扩展的控制作用。表 5-6 显示了 20CrNi2Mo 低碳钢马氏体多层次组织参量。

表 5-6　试验钢多层次组织参量

温度	$d_r/\mu m$	$d_p/\mu m$	$d_b/\mu m$	$d_1/\mu m$	$L/W = d_p/d_1$	$E_3 = C_1 C_2 C_3$
900 ℃	11.7	5.94	1.38	0.277	21.44	42
1 000 ℃	16.3	8.25	1.74	0.263	31.37	62
1 100 ℃	19.8	11.01	2.29	0.257	42.84	77
1 200 ℃	110.3	32.56	5.14	0.246	132.36	448

注:L/W 表示板条的长宽比;E_3 是一个晶粒里面的板条数量。

表 5-6 显示了试验钢断裂韧性与马氏体多层次组织间的关系,表明随淬火温度的升高,原奥氏体晶粒,马氏体束、块尺寸随之增加,而断裂韧性也随之增加,这与细晶强化理论相矛盾。但细观之不难发现,马氏体板条却随着淬火温度的提高略有降低,若将其视为板条马氏体钢的有效晶粒,其晶粒尺寸也是被细化了的,表 5-6 中 E_3 显示了一个晶粒中的板条数量,验证了这一说法。以上结果表明,在应变控制的断裂中,并不是裂纹在大角度界面处发生拐

折消耗能量(脆性断裂),而是马氏体多层次组织对裂纹前端塑性变形的协调。正因为如此,低碳钢中马氏体板条对塑性变形起到重要的协调作用,而随着晶粒的粗化,由于板条的长宽比(L/W)较大,微裂纹不易绕过板条进行扩展,从而导致其遭遇板条的概率增加,进而导致板条在粗晶中的协调作用更加剧烈。

同时,本书采用 Hall-Petch[23] 得出的关系式[式(5-13)]建立了 J_{IC} 与马氏体多层次组织的耦合关系,如图 5-8 所示。显而易见,J_{IC} 与原奥氏体晶粒、束和块之间都是反 Hall-Petch 关系,而且较离散,只有马氏体板条与 J_{IC} 满足 Hall-Petch 关系,这进一步指明了马氏体板条在塑性断裂中的重要作用。通常,Hall-Petch 关系源于位错塞积理论[23-24],大角度界面对位错存在强烈的阻碍作用,而板条界面也由大量的位错组成,位错之间相互缠结同样能达到阻碍位错运动的效果,这也说明了板条与 J_{IC} 之间的关系。然而,板条的尺度变化不大,却对断裂韧性带来如此大的影响,这可能与马氏体板条的存在形式、数量及分布密切相关。

$$J = J_0 + K_J d_i^{-1/2} \tag{5-13}$$

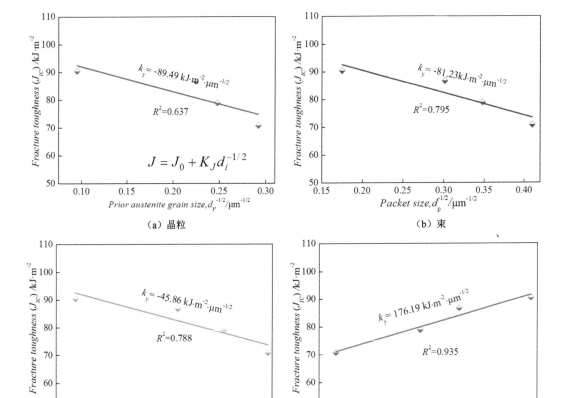

图 5-8　断裂韧性 J_{IC} 与多层次组织 Hall-Petch 关系

断裂取决于裂纹的萌生和扩展,而裂纹的萌生扩展必然会与多层次组织相互作用,以下分别通过裂纹的萌生、扩展并结合组织状态分布展开讨论。

（1）从裂纹萌生角度分析

前面已经提到断裂过程源于孔洞的形核、长大及聚合,孔洞的形核决定了裂纹的形核,其取决于应力集中程度及缺陷的密度。对于 20CrNi2Mo 低碳钢,裂纹的形核主要集中在大角度界面上,即原奥氏体晶界、束界。而块界为孪晶取向关系,板条界为小角度界面,其界面结合力强,界面能和体积应变能较低,不易于与溶质原子或位错产生交互作用,则不利于孔洞的形核。本研究中,20CrNi2Mo 低碳钢的块、板条界面较多,因此裂纹要萌生需要消耗很多能量,且随淬火温度的升高,小角度界面的比例(见第 3 章)明显增加,也就是说在粗晶中由于小角度界面的数量增加,裂纹的萌生变得更难。

本书利用 EBSD Tango 软件对试验钢不同工艺下或不同组织状态下的取向角进行了定量分析(图 5-9),其 LEBs 定义为低能界面,包括孪晶取向关系的块界(基本为共格关系)和小角度界面;HEBs 定义为高能界面,包括原奥氏体晶界和马氏体束界,如图 5-9(c)所示。结果表明,随淬火温度的升高,即晶粒粗化,试验钢的 LEBs 逐渐增加,间接反映了粗晶中裂纹萌生较细晶中难。

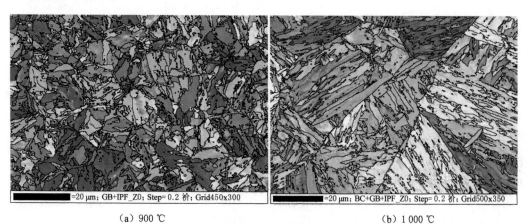

（a）900 ℃　　　　　　　　　　　　　　　　（b）1 000 ℃

No.	900℃	1000℃	1100℃	1200℃
LEBs/%	86.95	88.26	89.15	94.76
HEBs/%	13.05	11.74	10.85	5.24

（c）取向角比例

图 5-9　取向角 EBSD 分析

图 5-10 断裂韧性 J_{IC}、钝化区宽度与 LEBs 的关系揭示了低能界面对裂纹萌生强烈的阻碍作用。所以,从裂纹的萌生角度分析,低能界面控制裂纹的萌生,而低能界面小角度晶界或板条界所占比例较大,反映了马氏体板条控制断裂韧性。

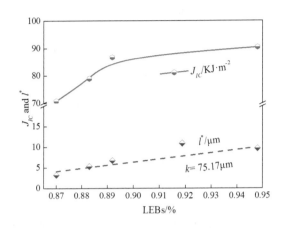

图 5-10　断裂韧性 J_{IC}、钝化区宽度与 LEBs 的关系

(2) 从裂纹扩展角度分析

在板条马氏体中,微裂纹是沿晶扩展还是穿束扩展决定了裂纹的扩展韧性,也反映了马氏体多层次组织对微裂纹的阻碍作用。前面已经提到,对于脆性或解理断裂,裂纹沿晶撕脱很明显,表现出较低的塑性变形。而在本试验中,试验钢表现出较好的塑韧性,因此该断裂绝不可能是完全的沿晶断裂,一定与板条马氏体多层次组织对塑性变形的协调作用有关。

根据前面的分析,马氏体板条界间为残余奥氏体薄膜(塑性相),对微裂纹扩展存在钝化作用,导致裂纹会垂直于板条扩展,此过程将吸收较多的裂纹扩展功[25]。同时,随淬火温度升高残奥的含量略有增加,其对裂纹扩展的钝化作用变得更明显。

另外,裂纹的扩展满足应力和强度原则,即应力控制裂纹主扩展方向,强度控制裂纹的具体方向[26]。当两者不一致时,裂纹先沿阻力最小的方向扩展,偏离一定程度后将返回主扩展方向继续扩展。晶粒越大,裂纹遇到马氏体板条概率也越大,同时裂纹偏离主扩展方向距离将越远,当转回主扩展方向时,剪断板条的数量也越多,扩展路径越长,故耗能越多,所以韧性越好。

同时,淬火温度较低时,晶粒、束和块尺寸都较小,且马氏体多层次组织形态分布混乱,呈各向同性,这对裂纹扩展的阻碍作用甚小;淬火温度较高时,晶粒、束和块尺寸都有所增大,这使得裂纹扩展遇到马氏体板条的概率会增加,同时马氏体多层次组织分布变得有序,呈各向异性状态,强烈地改变了裂纹传播途径,使裂纹扩展路径曲折、变长[27]。

综上所述,低碳钢塑性断裂过程中,裂纹扩展过程受马氏体板条的强烈影响。前面已经提到,影响裂纹扩展路径并非是马氏体的尺度,而是板条的数量及长宽比(L/W),以及其有序的结构(图 5-9)。根据表 5-6 的结果,随淬火温度的升高,马氏体板条的长宽比、数量均明显增加,这间接反映为粗晶中微裂纹扩展过程中遇到板条的概率较大。同时,图 5-9 显示了在粗晶中马氏体束结构较细晶状态有序,这就更加辅证了这一结果。

此外,通过断口的微观参量对板条的作用做进一步分析,X_0 表示相邻韧窝之间距离,其值如表 5-5 所示,该值反映了微裂纹最初扩展时与马氏体多层次组织的相互作用。图 5-11(a)显示了 X_0 与马氏体块宽的关系,显而易见,X_0 是略小于块宽的,在粗晶中越发明显,这就说明了微裂纹最初扩展首先与块以下结构(板条)发生作用。假设 X_0 是微裂纹横穿若干个板条形成的,穿过的板条数量越多,消耗的能量越多,韧性越好,图 5-11(b)正好揭示了这一现象,通过计算明显可以看出粗晶状态下微裂纹穿过的板条数量高于细晶状态,再一次证明了塑性断裂中马氏体板条对韧性的控制作用。

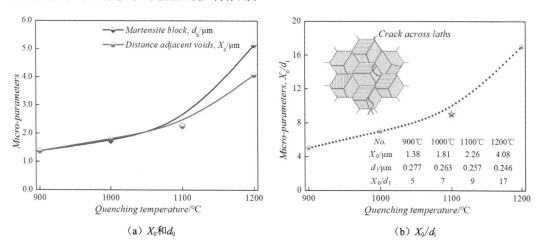

（a）X_0 和 d_0　　　　　　（b）X_0/d_1

图 5-11　断裂的微观参量分析

5.2　冲击韧性 A_K

本书采用示波冲击试验研究冲击载荷作用下裂纹的萌生及扩展行为,并采用 Hall-Petch 关系分析冲击性能的有效晶粒。同时,利用 SEM、EBSD 对冲击断口的形貌及裂纹扩展行为进行分析。最后,对比两个韧性指标差异,为后续揭示宏观韧性与细观韧塑性机理奠定基础。

5.2.1　示波冲击数据的处理及分析

图 5-12 显示了 1 200 ℃试样示波冲击测试的时间与载荷、位移及做功的变化曲线,其他工艺试样与之基本一样。从图中可以看出,冲击过程很快,几乎在 1.55 s 内完成,平均速度为 5.33 m/s,比断裂韧性的加载速度高 3 个数量级。四种工艺下,载荷、位移及做功的变化趋势基本一致,在冲击载荷作用,缺口根部由于应力集中,载荷急剧增加,达到屈服后,由于速度较快,塑性变形过程极短,基本在零点几秒内完成。超过屈服点后,达到最大载荷,并没有马上断裂,而是存在一定的低能扩展,但载荷超过失稳点后下降很快,其断裂过程与前人研究工作中[28-29]第三个塑性断裂模型相似,属于塑性断裂过程。

对比四种工艺试样的示波冲击的载荷、做功与位移的关系曲线,如图 5-13(a)所示,在弹性变形区四种工艺相差不大,基本重合。然而,超过屈服点,差别立现:随淬火温度的升高或晶粒的粗化,其最大载荷逐渐增加,且最大载荷右移,这就使得弹塑性区增大;同时,裂纹的

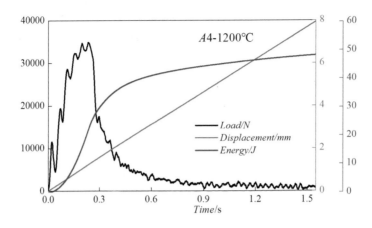

图 5-12　1 200 ℃试样示波冲击时间与载荷、位移及做功曲线

均匀扩展区也逐渐出现、变宽,失稳点位置也右移;此外,裂纹失稳扩展撕裂后,剩余扩展区的载荷在粗晶中也较高。综上所述,粗晶中的冲击总功是明显高于细晶的,图 5-13(b)显示了这一结果。

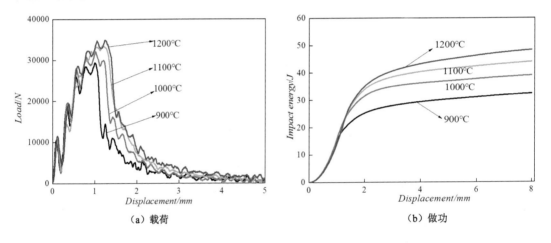

（a）载荷　　　　　　　　　　　　　　　　（b）做功

图 5-13　试验钢的性能与位移曲线

　　根据图 5-12 和图 5-13 可知,示波冲击的载荷位移曲线起伏不平,很难对冲击的各个阶段的载荷、位移及做功进行定量表征,于是有必要对原始数据进行修正或调整拟合处理。为此,这里根据载荷、位移曲线每个区的特点,选取具有代表性的点进行平滑处理,如图 5-14 所示,显而易见,平滑处理曲线与测试曲线非常契合,通过曲线以下的面积或载荷的做功进行比较,其误差很小,说明处理后的曲线是有效的。本研究每组工艺均测试了三根试样,通过以上同样的方式,对冲击载荷-位移曲线进行处理后,然后对弹性变形功(W_e)、弹塑性变形功(W_d)、裂纹稳态扩展功(W_{p1})、裂纹撕裂能量(W_{p3})及裂纹剩余扩展功(W_{p2})进行定量计算,如表 5-7 所示。结果表明,随淬火温度升高,弹性变形功较低且基本保持不变,弹塑性变形功也略有增加,导致裂纹萌生功也有一定幅度增加;而裂纹失稳扩展功及失稳后的撕裂功明显增加,其是导致材料冲击韧性的主要因素。

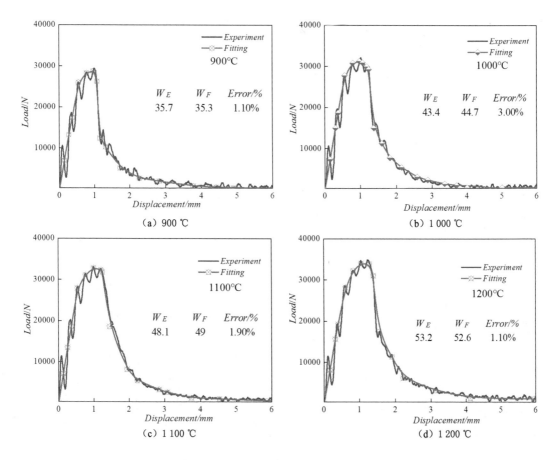

图 5-14　试验钢的修正的载荷与位移曲线

表 5-7　试验钢的示波冲击性能参数

温度	W_e/J	W_d/J	W_{p1}/J	W_{p2}/J	W_{p3}/J	W_i/J	W_p/J	W_t/J
900 ℃	4.78	8.73	3.1	16.32	2.18	13.51	21.9	35.41
1 000 ℃	4.86	10.49	7.32	17.63	2.51	15.81	27.02	42.83
1 100 ℃	4.69	11.67	7.27	20.56	4.81	16.31	32.69	49
1 200 ℃	5.11	12.02	8.13	22.55	5.17	17.03	36.2	53.32

5.2.2　冲击性能与马氏体多层次组织的关系

应变控制的断裂中,裂纹的形成和扩展与微孔的形核、扩张及聚合是等价过程,微孔形核后在外载荷作用逐渐扩张至临界尺寸,当聚合时表现为裂纹失稳扩展。通常,微孔或微裂纹的形核与材料中的缺陷密切相关,如第二相粒子、大角度晶界处等。对于大角度界面,其界面能较高且晶界易富集杂质,其对裂纹萌生的影响很大。本试验中,随着淬火温度的升高或晶粒的粗化,其低能界面(图 5-9)显著增加,导致裂纹的萌生困难,因此要形成微裂纹需要更多能量。因此。随低能界面增加,萌生功增加,但由于低能界面中多数为小角度界面,这些小角度界面多是板条之间的取向差,因此间接反映了板条对裂纹的萌生存在重要影响。

同样,从裂纹的扩展角度来看,裂纹的扩展遵循应力准则和强度准则,即应力控制裂纹主扩展方向,强度控制裂纹的具体方向。当两因素不一致时,裂纹先沿阻力最小的方向扩展,偏离一定程度后将返回主扩展方向继续扩展。其与断裂韧性变化一致,也体现了宏观韧性和细观韧性的一致性。对于具有多层次结构的板条马氏体钢,这种扩展方式必然会横穿大量的马氏体板条,随着晶粒的粗化,马氏体板条细化且长宽比增加,微裂纹横穿马氏体板条的概率和数量继续增加,这就决定了马氏体板条的控制作用。

本书利用经典的 Hall-Petch 关系[式(5-14)]建立马氏体多层次组织与冲击萌生功、扩展功及总功的关系,如图 5-15 所示。Hall-Petch 关系源于位错塞积理论,冲击过程中就是位错在缺口根部发射、塞积和相互缠结的结果,其适用于冲击性能与组织间的关系。显而易见,马氏体四个层次组织中,有且只有马氏体板条与冲击萌生功、扩展功及总功满足 Hall-Petch 关系[30],充分说明了板条对冲击韧性的控制作用。

$$A_{KU} = A_0 + K_A d_i^{-1/2} \tag{5-14}$$

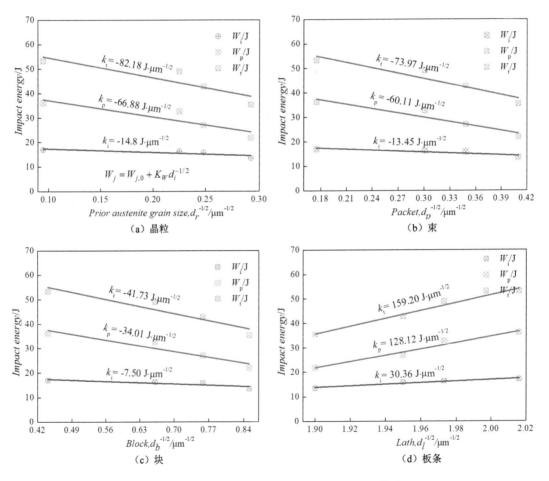

图 5-15　多层组织与冲击功之间的 Hall-Petch 关系

值得注意的是,板条尺寸变化很小,那么真正影响冲击性能的并非为马氏体板条的尺寸,而是大量的板条马氏体及与马氏体作用的概率。其变化趋势与断裂韧性一致,不再做详细分析。

5.2.3　冲击断口分析

图 5-16 为 1 200 ℃试样冲击断口的宏观形貌及各区域的微观特征,其他三组工艺与其相似,这里只列取 1 200 ℃试样。冲击断口形貌参量如表 5-8 所示。由图 5-16 冲击断口宏观形貌可以看到塑性断裂中的三个区,但由于缺口为线切割制备的缺口,其根部曲率半径较小。对比四个工艺,随着晶粒的粗化,纤维区的面积是逐渐增加的,同时放射区的宽度逐渐减少,间接反映了粗晶中的塑韧性较好;由图 5-16 冲击断口微观观形貌可看出,断口根部为平坦特征,过渡区为韧窝,放射区为解理、韧窝的混合特征,具体特点如下。

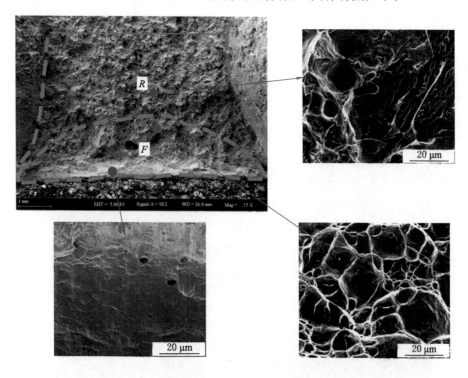

图 5-16　1 200 ℃试样冲击断口的宏观形貌及各区域的微观特征

表 5-8　冲击断口形貌参量(平坦区宽度,韧窝及解理面尺寸)

温度	$l_C/\mu m$	$d_C/\mu m$	$l_P/\mu m$
900 ℃	7.52	1.37	6.98
1 000 ℃	10.39	1.66	9.86
1 100 ℃	18.32	1.97	12.31
1 200 ℃	24.4	4.29	25.67

(1)缺口根部,存在一个平坦区(1 000 倍观察),其与断裂韧性测试条件下裂尖的白亮区类似,这是由于缺口根部复杂的塑性滑移所导致的。根据位错贫化带理论,裂纹尖端在外加应力场作用下发射位错,由于位错与裂纹的交互作用,在裂纹尖端会出现一个无位错区。裂纹尖端发射的位错在滑移面上运动时遇到障碍而塞积并相互缠结,位错会反塞积于无位错区尾部,形成塑性变形带[31]。同时,随淬火温度的升高,白亮带宽度有所增加,可能是在粗晶材料中塑性滑移更加明显。随后出现一些剪切状的微小孔洞,向延性扩展过渡。

（2）过渡区，即裂纹起裂后向放射区过渡，其微观形貌为等轴状韧窝，对应了屈服到失稳扩展之间的区域，该区域由于基体的塑性协调变形，形成了等轴状韧窝。且随着晶粒的粗化，韧窝尺寸（5 000 倍观察）逐渐增加，其反映了材料塑韧性的高低。

（3）放射区，即为低能扩展区，若裂纹长度超过其临界值，加之冲击载荷速度较大，微裂纹迅速扩展，其断口形貌不再是韧窝特征，而是混合扩展模式，既有解理又存在韧窝，解理面的宽度与板条马氏体的束宽相当，也说明了脆性断裂中马氏体束控制材料的冲击韧性。

5.3 马氏体板条协调变形的原理

前面通过讨论分析知，断裂韧性和冲击韧性的有效控制单元都为马氏体板条，从裂纹或孔穴的萌生来看，高比例的低能界面（LEBs）决定了其萌生功的高低，但相比断裂韧性和冲击韧性的裂纹萌生，LEBs 对冲击的萌生功更具影响。另外，起裂后，微裂纹穿过大量的板条，导致消耗更大的能量。具体板条通过什么方式来影响材料的韧性的，接下来用 SEM、EBSD 进行分析。

图 5-17 和图 5-18 分别显示了粗晶和细晶（在 900 ℃ 和 1 200 ℃ 淬火）状态在冲击过程和断裂韧性测试过程中的裂纹扩展行为。很明显，板条马氏体结构中，裂纹的扩展以穿束和沿界面扩展两种方式进行，且穿束扩展消耗的能量较高，而沿界面扩展表现为低能撕脱。穿束扩展的比例越大，其韧性越好，通过估算，冲击过程中穿束扩展的比例在两种状态下分别约为 52.4% 和 61.2%，其与在粗晶中获得较好的韧性对应。

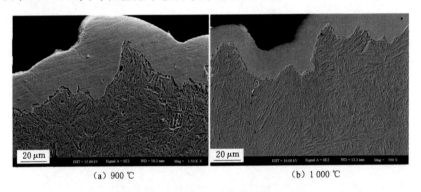

(a) 900 ℃   (b) 1 000 ℃

图 5-17 冲击过程的裂纹扩展 SEM 观察

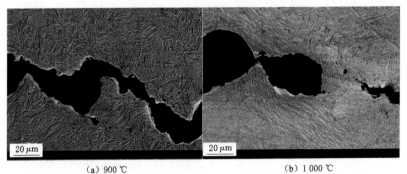

(a) 900 ℃   (b) 1 000 ℃

图 5-18 断裂韧性测试过程的裂纹扩展 SEM 观察

此外,图中还能观察到裂纹穿过束结构束,束结构发生严重的塑性变形,且出现弯曲,相对于细晶,粗晶中的这一现象更明显。这是由于细晶中晶粒、束、块结构较小,本身具有协调塑性变形的能力,同时由于板条的长宽比较小,微裂纹沿界面扩展也较粗晶容易。粗晶与之相反,因板条的长宽比较大,微裂纹遇到束结构的概率明显增加,所以通过板条的弯曲变形协调变形越发明显。这也是粗晶韧性较好的另一原因。

为了进一步揭示裂纹扩展过程中微观组织的变化特征,利用 EBSD 对裂纹扩展路径上的局部区域的取向进行分析,如图 5-19 所示。结果显示,在裂纹的路径两侧,应变程度较基体大得多,而且随着晶粒的粗化,应变的区域较大,如图 5-19(d)所示,这与前面的观点不谋而合。同时,对图 5-20 中的 EBSD 取向分析,也发现裂纹两侧的应变较大,其小角度界面明显增加。取 2°～10° 作为小角度晶界,对裂纹区域和完整区域的 2°～10° 取向角进行统计计算,如图 5-21 所示,明显可以看出粗晶中 2°～10° 取向角高于细晶状态,反映了粗晶中较大的变形程度。

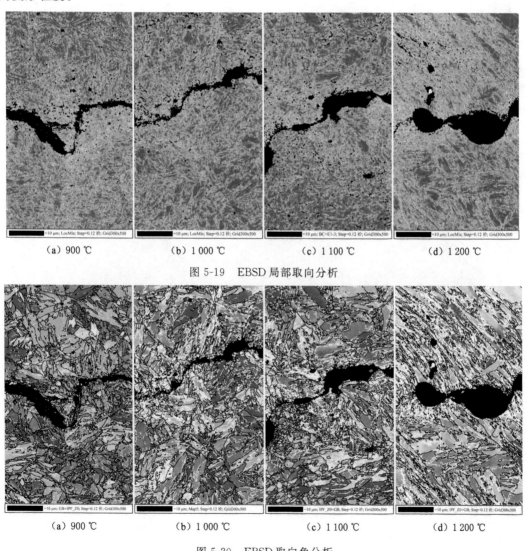

（a）900 ℃　　　（b）1 000 ℃　　　（c）1 100 ℃　　　（d）1 200 ℃

图 5-19　EBSD 局部取向分析

（a）900 ℃　　　（b）1 000 ℃　　　（c）1 100 ℃　　　（d）1 200 ℃

图 5-20　EBSD 取向角分析

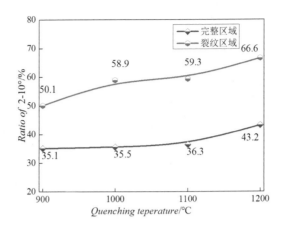

图 5-21　裂纹区与完整区 $2°\sim10°$ 的取向角的比率

　　在冲击或断裂韧性测试中，裂纹区域的马氏体板条的变形，一方面是来自本身长条结构的弯曲塑性变形，前面的 SEM 图已经证实；另一方面则是来自晶体取向的变化，及板条的旋转变形，这里通过裂纹区与完整区的极图分析进行说明，如图 5-22 所示。完整区域各取向均匀分布，而在裂纹区域{110}取向几乎消失，说明裂纹扩展过程中板条发生塑性变形时，板条易选择{100}和{111}方向滑移，这也反映了裂纹周围的板条发生旋转变形。

　　综上所述，板条马氏体多层次材料中，马氏体板条是韧性的有效控制单元，而裂纹前沿的塑性协调变形，主要源于马氏体板条的旋转、弯曲及最终的微裂纹横穿板条，如图 5-23 所示。

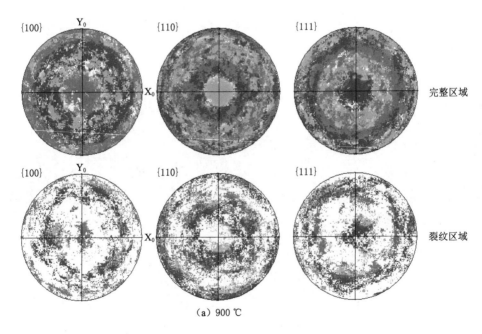

(a) 900 ℃

图 5-22　裂纹区与完整区极图分析

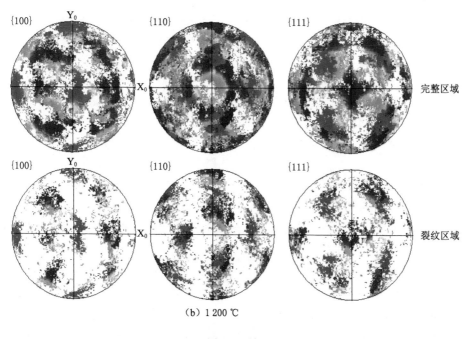

（b）1 200 ℃

图 5-22（续）

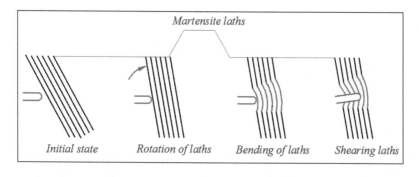

图 5-23 马氏体板条的旋转、弯曲机剪切协调变形

参 考 文 献

［1］ KAIJALAINEN A J，SUIKKANEN P P，LIMNELL T J，et al. Effect of austenite grain structure on the strength and toughness of direct-quenched martensite［J］. Journal of alloys and compounds，2013，577：S642-S648.

［2］ ROBERTS M J. Effect of transformation substructure on the strength and toughness of Fe-Mn alloys［J］. Metallurgical transactions，1970，1（12）：3287-3294.

［3］ 王春芳. 低合金马氏体钢强韧性组织控制单元的研究［D］. 北京：钢铁研究总院，2008.

［4］ LUO Z J，SHEN J C，SU H，et al. Effect of substructure on toughness of lath Martensite/Bainite mixed structure in low-carbon steels［J］. Journal of iron and steel research,international,2010,17(11):40-48.

[5] NAYLOR J P. The influence of the lath morphology on the yield stress and transition temperature of martensitic-bainitic steels[J]. Metallurgical transactions A,1979, 10(7):861-873.

[6] HSU T,XU Z Y. Design of structure,composition and heat treatment process for high strength steel[J]. Materials science forum,2007,561/562/563/564/565:2283-2286.

[7] 冯苏宁,汪承璞,季思凯. 实验确定 J_{1c} 试验启裂韧度的 SZW 细观测量法[J]. 理化检验（物理分册）,1995,31(2):41-42.

[8] 荣伟,马茂元,樊景舜,等. 伸张区宽度和韧窝直径与常规力学性能之间的关系[J]. 理化检验（物理分册）,1994,30(6):22-23.

[9] 杨宗发,陈正新,王文彬,等. J_{1c} 测试中伸张区的测定[J]. 清华大学学报（自然科学版）, 1983,23(1):39-47.

[10] MCMEEKING R. Path dependence of the J-integral and the role of J as a parameter characterizing the near-tip field[M]. [S. l. :s. n.],1977.

[11] KOBAYASHI H,NAKAMURA H,NAKAZAWA H. The J-integral evaluation of stretched zone width and its application to elastic-plastic fracture toughness test[R]. [S. l.],1979.

[12] KOBAYASHI H,NAKAMURA H,HIRANO K,et al. The J-integral evaluation of the crack tip plastic blunting and the elastic-plastic fracture[M]//Fracture mechanics of ductile and tough materials and its applications to energy related structures. Dordrecht:Springer,1981:111-120.

[13] 陈篪. 论裂纹扩展的判据[J]. 金属学报,1977,13(增 1):57-72.

[14] OSBORNE D E,EMBURY J D. The influence of warm rolling on the fracture toughness of bainitic steels[J]. Metallurgical transactions,1973,4(9):2051-2061.

[15] THOMPSON A W. The relation between changes in ductility and in ductile fracture topography:control by microvoid nucleation[J]. Acta metallurgica,1983,31(10): 1517-1523.

[16] 黄明志. 金属力学性能[M]. 西安:西安交通大学出版社,1986.

[17] FIRRAO D,ROBERTI R. Interrelation among microstructure,crack-tip blunting,and ductile fracture toughness in mild steels[C]//Proceedings of the 6th International Conference on Fracture(ICF6),New Delhi,1984:1311-1319.

[18] KIM S,LEE S,LEE B S. Effects of grain size on fracture toughness in transition temperature region of Mn-Mo-Ni low-alloy steels[J]. Materials science and engineering:A,2003,359(1/2):198-209.

[19] ISHIHARA M,KIMURA S. Effect of austenitizing temperature on the fracture toughness of SCM440 and S45C steels[J]. Journal of the society of materials science, Japan,1986,35(396):1010-1015.

[20] 洪艳平,阎军,苏世怀,等. 高速车轮钢断裂韧性与组织结构的关系[J]. 安徽工业大学学报（自然科学版）,2012,29(4):310-314.

[21] KUMAR A S,KUMAR B R,DATTA G L,et al. Effect of microstructure and grain size on the fracture toughness of a micro-alloyed steel[J]. Materials science and engineering:A,2010,527(4/5):954-960.

[22] WOOD W E. Effect of heat treatment on the fracture toughness of low alloy steels [J]. Engineering fracture mechanics,1975,7(2):219-234.

[23] KATO M. Hall-Petch relationship and dislocation model for deformation of ultrafine-grained and nanocrystalline metals[J]. Materials transactions,2014,55(1):19-24.

[24] 邹章雄,项金钟,许思勇. Hall-Petch 关系的理论推导及其适用范围讨论[J]. 物理测试,2012,30(6):13-17.

[25] 谭玉华,马跃新. 马氏体新形态学[M]. 北京:冶金工业出版社,2013.

[26] 黄克智,余寿文. 弹塑性断裂力学[M]. 北京:清华大学出版社,1985.

[27] ZACKAY V F,PARKER E R,GOOLSBY R D,et al. Untempered ultra-high strength steels of high fracture toughness[J]. Nature physical science,1972,236(68):108-109.

[28] PUPPALA G,MOITRA A,SATHYANARAYANAN S,et al. Evaluation of fracture toughness and impact toughness of laser rapid manufactured Inconel-625 structures and their co-relation[J]. Materials and design,2014,59:509-515.

[29] HERTZBERG R W,HAUSER F. Deformation and fracture mechanics of engineering materials[M]. New York:John Wiley and Sons,1976.

[30] 曹圣泉,张津徐,吴建生,等. IF 钢再结晶晶粒尺寸、显微织构和晶界特征分布的 EBSD 研究[J]. 理化检验(物理分册),2004,40(4):163-167.

[31] 杨丽,张宝友,崔约贤,等. 加载速率对 30A 钢断裂韧性的影响[J]. 兵器材料科学与工程,2003,26(5):51-53.

第6章 裂纹的形成及扩展机制

断裂是材料重要的失效方式之一,它是宏观载荷与材料微观组织结构共同作用的结果。大量的研究表明,外加载荷、材料的微观组织结构、断裂机制、断口上留下的微观参量等必然存在紧密联系[1-3]。因此,断裂力学、断裂物理学及材料科学一致认为,在金属构件的断裂研究中,以将宏观性能与微观组织结构、断口特征结合的方式来研究材料的断裂是一种重要、有效的方法。

应变控制的断裂,往往取决于孔洞的形核、长大和合并,在宏观断口上的体现就是韧窝形貌[3-6]。通常,孔洞的形核与微区的应力集中有关,如第二相、夹渣、大角度界面及空位密度高等区域。Zheng 等[7]研究发现,孔洞的形核主要发生在颈缩前后,即较小的应变区域,其临界孔洞尺寸与夹杂颗粒尺寸相当。然而,我们观察发现,其临界形核孔洞尺寸并非等于夹杂颗粒尺寸,其与材料的力学性能参数有着密切关系。近年来,也有一些文献[5,8-14]涉及孔洞形核的研究,他们利用了热力学形核理论,且结合材料及应变参数讨论孔洞的形成,但多数都建立在有限元模拟的基础上,并没有揭示临界孔洞尺寸,也没有充分考虑材料力学性能与临界孔洞的关系。因此,本书采用传统形核理论并结合材料的强度、断裂韧度等性能,深入研究微孔的形核与宏观力学参量的关系,揭示微裂纹的萌生行为。

此外,本章结合临界孔穴扩张比模型[15]以及前面章节的讨论,进一步研究宏观性能的微观机制,揭示裂纹在稳态扩展行为。同时,建立微观组织的复合参量模型,对裂纹尖端的塑性变形进行研究,为力学性能参量提供判据,且为后续建立力学性能和马氏体多层次组织间耦合关系奠定理论基础。

6.1 微孔形核模型的应用

6.1.1 微孔的形核理论

韧性断裂源于孔洞的形核、长大和聚合,通常我们从宏观断口上看到的韧窝都是处于孔洞的长大、聚合阶段,而对于韧窝孔洞的形核研究不多。实际上,孔洞的形核是很难捕捉的,即使采用液氮冷却、打断的方式去观察微孔,观察到的也并非是微孔形核的临界形核尺寸。所以,有学者将临界孔洞尺寸近似为第二相颗粒的直径并不准确,该尺寸并不等于第二相颗粒的直径,孔洞的形成应该与外加载荷、材料的本身性能有关,即在外力作用下材料本身发生塑性变形,外力做的功大于材料本身的阻力时,孔洞才能形成。同时,刚形成的孔洞并不稳定,只有大于或等于临界半径的孔穴才能逐渐长大,其与晶体的形核类似。因此,本部分利用晶核的形核理论,以试验钢的力学参量作为边界条件,建立裂纹萌生阶段微观参量与宏观性能的关系。

图 6-1(a)显示了孔洞的形核、长大和聚合示意图。第二相颗粒附近易产生应力集中,在外力作用易形成微孔,但在其他缺陷位置也可形成微孔,本书为了便于讨论、计算,以第二相颗粒作为参考对象。随外载荷做功,颗粒边缘的基体发生塑性变形,当该应变大于一定临界值时,即外载荷做功大于临界值 W_c 时,微孔开始形成,其对应于临界孔洞尺寸(r 或 r^*)。随后,随外载荷做功增加,微孔迅速长大、聚集,最终断裂。通常情况下,我们在断口上看到的形貌基本上都是图 6-1(a)中第三、第四幅图的形貌,如图 6-1(b)所示。由图 6-1(b)可知,在断口形貌上可以明显地发现以下几个特征:

(1)在多数韧窝内均能看到第二相颗粒的存在,这反映了大多韧窝的形成与第二相粒子有关;有的韧窝含有多个颗粒或还有其他小韧窝,表明该韧窝是由多个韧窝合并而成的。

(2)在一部分韧窝底部存在一个微孔洞,其尺寸大于第二相颗粒尺寸,本研究中定义为临界形核半径,并与理论计算值进行比较。

(3)有的韧窝只有一个第二相,其体现了聚合前的临界韧窝尺寸 d_0,本研究假设具有单个夹杂的韧窝是韧窝聚合前的临界值,这里对分布均匀且只有单个夹杂韧窝进行统计分析,通过其间接计算韧窝形核的数量或韧窝的密度。

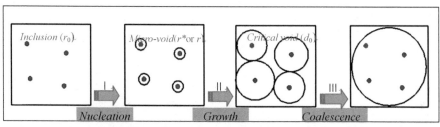

（a）孔洞的形核、扩张及合并模型

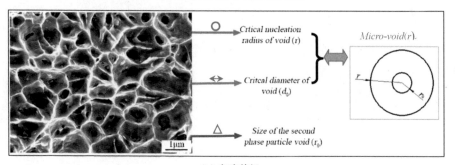

（b）韧窝特征

图 6-1　塑性断裂中孔洞的形成过程

在实际拉伸过程中,存在四个区,即弹性变形区、屈服区、均匀塑性变形区及非均匀塑性变形区,最终断裂。我们发现一个有趣的现象,在最大载荷之前,拉伸试样因塑性变形而产生体积膨胀,如图 6-2 所示。而该体积的增加正是源于微孔的形成,郑长卿等也提出大量的孔穴都是在抗拉点前后形成的。因此,本研究将最大载荷之前的载荷做的功作为微孔形成的临界条件,此时对应的孔穴尺度也被看作孔洞形成的临界尺寸。则体积的膨胀量(ΔV_1)如方程(6-1)所示,其中 R 为标准拉伸试样颈缩前最小截面半径,ΔL 为拉伸最大载荷点之前试样的伸长量,则 $\pi R^2 \Delta L$ 表示宏观试样的体积增加量;此外,从微观角度来看,r 表示最大载荷时微孔形成的半径,即孔穴的临界形核半径,r_0 为第二相粒子的半径,则 $\frac{4}{3}\pi(r^3-r_0^3)$ 表示一个微孔形成时的体积膨胀量。因此,N_1 个微孔体积就构成了拉伸试样宏观体积的膨胀,也就是说式(6-1)连接了宏观上的塑性变形和微观上的孔穴形核。此外,微孔形核的数量也可由式(6-2)获得。

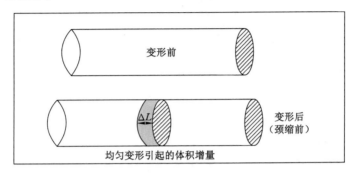

图 6-2 拉伸颈缩前试样体积膨胀示意图

$$\Delta V_1 = \pi R^2 \Delta L = N_1 \frac{4}{3}\pi(r^3-r_0^3) \tag{6-1}$$

$$N_1 = \frac{3R^2 \Delta L}{4(r^3-r_0^3)} \tag{6-2}$$

结合以上分析,推导出了第 2 章的微孔形核模型。

6.1.2 计算与讨论

本书以 20CrNi2Mo 低碳钢为研究对象,根据前面的试验测试及计算需要,一些力学性能参量及微观参量列于表 6-1。

表 6-1 试验钢的力学性能及微观参量

温度	E/MPa	r_0/nm	r/nm	d_0/nm	U_P/MPa	σ_s/MPa	r^*/nm	ΔG_h^*/J
900 ℃	197 832.8	54	127	601	55.28	1 181.79	140	2.10E−14
1 000 ℃	198 016.2	49	126	606	52.34	1 122.79	134	1.72E−14
1 100 ℃	196 207.9	43	124	599	52.98	1 096.36	126	1.49E−14
1 200 ℃	196 369.8	41	122	603	50.08	1 074.81	128	1.48E−14

表 6-1 中的数据主要通过性能测试、定量表征及理论计算获得:E、U_P 及 σ_s 通过单轴拉伸试验获得;r_0、r 和 d_0 是在断口上分别统计 150 个第二相、150 个微孔及 150 个临界韧窝(图 6-1)获得的,值得注意的是 d_0 取自均匀且只包含单个第二相的小韧窝;然后将前面测量的数据代入式(6-1)和式(6-2),计算得到微孔的形核半径和临界形核功。由测量可知,临界韧窝尺寸 d_0 保持在 600 nm 左右,不管粗晶还是细晶均保持一致,这不是偶然的,可能是与组织相关的参量。

由表 6-1 可知,试验钢的 E 和 d_0 基本保持不变,结合式(2-20)和式(2-21)知,r^* 及 ΔG_h^* 的大小取决于材料的屈服强度 σ_s 和最大载荷前的塑性变形能力(U_P)。同时,σ_s 的指数大于 U_P 的指数,则强度对 r^* 及 ΔG_h^* 的影响更为明显。也就是说,强度越高,材料抵抗变形的能力越强,需要克服阻力做功越多,这就揭示了为什么细晶材料中的 r^* 及 ΔG_h^* 较大。但并不能说明细晶材料微孔的形成较难,微孔形核的难易程度取决于材料本身的组织特征,即大角度晶界的数量和第二相的特征。通过前面的分析发现,细晶材料中大角度晶界较多,且第二相颗粒尺寸也较大,因此,细晶材料中的微孔形核较粗晶容易。由图 6-3 可以看出,r、r_0、r^* 和 ΔG_h^* 随淬火温度的升高逐渐降低。

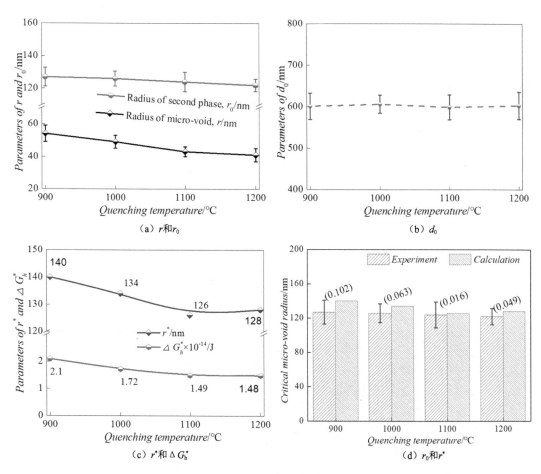

图 6-3　试验钢微观参量与淬火温度的关系

此外,利用经典形核理论结合宏观力学性能的计算结果与实测的不同工艺下微孔的临界形核半径基本相同[图 6-3(d)],证明了此计算的可行性。

为了进一步讨论不同组织组状态下微观塑性,本书通过 m 和 ε_m 两个参量进行说明。m 表示微孔的临界形核半径与第二相的比值,ε_m 表示微孔相对于第二相变化程度,用于比较不同组织状态下基体的塑性变形程度。其中 m 和 ε_m 分别由式(6-3)和式(6-4)计算得到,计算结果如表 6-2 及图 6-4 所示。显而易见,m 和 ε_m 随着晶粒的粗化逐渐增加,足以体现粗晶材料的微观塑性较好。

$$m = \frac{r^*}{r_0} \tag{6-3}$$

$$\varepsilon_{\mathrm{m}} = \frac{(r^* - r_0)}{r_0} \tag{6-4}$$

表 6-2　不同热处理工艺下细观塑性参量

温度	m	ε_{m}	r_{error}	d_1/nm
900 ℃	2.59	1.59	0.102	277
1 000 ℃	2.73	1.73	0.063	263
1 100 ℃	2.93	1.93	0.016	257
1 200 ℃	3.12	2.12	0.049	246

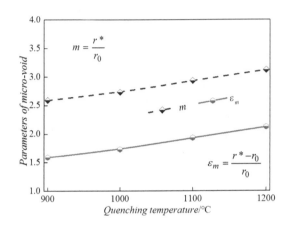

图 6-4　不同热处理工艺下的微观塑性

　　此外,我们还发现一个有趣的现象,如图 6-5 所示,马氏体板条的宽度与微孔的临界形核直径($2r^*$)非常接近,这不是偶然的,其可能原因是临界孔穴的形成所克服的能垒 ΔG_{h}^* 可能与穿过马氏体板条消耗的能量一致。当更小尺度的应力集中区在板条界面上形成时,板条间的残余奥氏体薄膜对小尺度的微孔形核具有钝化作用,进而导致小尺度微孔选择横穿马氏体板条,由于其能量相似,微孔临界直径可能与板条宽相当。这只是一种推测,需要进一步通过试验进行验证。

　　基于以上讨论结果,本书借助微孔临界形核功对一个马氏体板条单晶结构的强度进行推导。如图 6-6 所示,马氏体单晶结构在外载荷作用断裂,其外载荷作用的长度为板条宽 d_1,作用的面积为宽度×厚度($d_1 \times h$),而板条厚度难以测量,但我们知道,板条是块结构下的亚结构,其厚度不大于块宽,于是定义块宽 d_{b} 作为板条的厚度。前面已经提到微孔的临界形核直径与板条宽相近,而厚度方向相当于若干个孔洞叠加而成,即 $N_3 = \frac{h}{d_1}$,则假设外力作用于板条做的功 W_{c} 近似为临界形核功 $N_3 \Delta G_{\mathrm{h}}^*$,于是马氏体板条单晶的强度是通过方程(6-5)进行计算,计算结果如表 6-3 所示。结果表明,马氏体板条的强度基本等于 1 MPa。虽然这只是一个探索,但为研究微观结构与性能的关系提供了一个方向。通常,试验钢中的

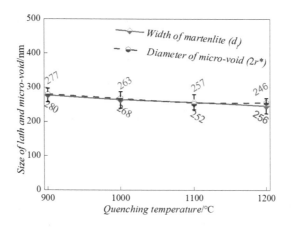

图 6-5　微孔形核的临界直径与马氏体板条的比较

马氏体板条是随机分布的,其对强度的影响不大,但如果若干个板条结构朝一个方向取向分布,则材料的强度将大幅度提升,值得探索。

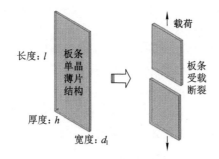

图 6-6　马氏体板条薄片受载断裂模型

$$\sigma_1 = \frac{W_C}{d_1 \cdot s} = \frac{N_3 \Delta G_h^*}{d_1 \cdot (d_1 \cdot h)} = \frac{N_3 \Delta G_h^*}{d_1^2 \cdot d_b} \tag{6-5}$$

表 6-3　马氏体板条单晶结构的能量及强度分析

温度	d_1/nm	$h = d_b/\mu\mathrm{m}$	N_3	$l = d_p/\mu\mathrm{m}$	$W_C = N_3 \Delta G_h^*/\mathrm{J}$	σ_1/MPa
900 ℃	277	1.38	5	5.94	1.05E−13	0.99
1 000 ℃	263	1.74	6.6	8.25	1.14E−13	0.94
1 100 ℃	257	2.29	9	11.01	1.33E−13	0.88
1 200 ℃	246	5.14	21	32.56	3.09E−13	0.99

6.2　复合参量模型

构件的断裂失效均源于裂纹的萌生及扩展,而在裂纹尖端微区内往往存在明显的屈服塑性变形,塑性区的结构、性质对裂纹扩展存在明显的阻碍作用,在中低碳钢中尤其明显。塑性区越大,其对裂纹扩展的阻碍作用越强烈,表现出较高的韧塑性。因此,对裂纹尖端塑性区或有效变形体积的研究,对于理解不同材料的断裂机制具有非常重要的意义。

6.2.1 复合参量模型的建立

前面已经提到,宏观韧塑性(冲击韧性、拉伸塑性)与细观韧性有时一致,有时相互矛盾。前期的工作[16-19]中,采用 30CrMnSiA 钢、35SiMnMoV 钢、52CrMoV 钢中所做的研究也得到了类似的结果。这些现象说明,奥氏体晶粒尺寸并不是控制韧性的唯一组织参量。断裂韧性随晶粒粗化而增加,表明裂尖前沿微小的局部区域具有很高的塑韧性,相反在细晶粒状态细观塑韧性降低导致断裂韧性降低。早在 20 世纪 70 年代,Ritchie 等[20-21]为了解释拉伸塑性、冲击韧性与断裂韧性相反的关系,提出了显微组织特征距离 X_0 的概念。此后,Liang 等[18-19]通过对 X_0 的测量发现,这个特征距离与实际晶粒尺寸并不存在对应关系,反而与在裂尖前端局部微小区域的断裂应变和裂纹张开位移值有对应关系,并不能解释微观组织参量的作用。因此,显微组织特征距离的物理意义不明确。

梁益龙等[16-18,22]研究发现,在尖裂纹前沿区域临界条件下变形所产生的裂尖钝化半径应与临界缺口根部半径 ρ_0 有对应关系,即临界应变值愈高裂尖钝化程度亦愈大,裂尖临界张开位移值 δ_c 也就愈大,这表明 δ_c、ρ_0 值是裂尖前沿局部的临界应变值大小的量度。而 δ_c、ρ_0 值又取决于裂尖前沿的细观塑韧性,ρ_0 与 $n\delta_c$ 值对应(n 值取决于应力状态,在平面应变状态,取 $1\sim2$),由于计算和测定 δ_c 值较为容易,因此可将 $n\delta_c$ 值看作裂尖的有效变形体积。于是,可以理解:当缺口根部半径 ρ 小于临界值 ρ_0 时,裂尖的有效变形体积应与 $\rho=0$ 的尖裂纹钝化所产生的有效变形体积相同。在板条马氏体中,横穿马氏体板条相对于沿界面扩展消耗能量大得多,因此在粗晶中由于马氏体板条的宽长比较小,裂纹横穿板条的概率增加,因此提高了塑韧性。相反,在细晶材料中,因板条的宽长比较大,裂纹易于沿晶界和束界低能撕脱扩展而降低断裂韧性。因此认为,板条的宽长比是韧性控制单元,同时亚组织细化对强韧性起控制作用。

基于以上研究,我们课题组提出了复合参量 D_i 模型,如式(6-6)所示。d_i 表示微观组织参量,$i=1,2,3,4,\cdots$ 代表不同层次的组织参量。本书以 20CrNi2Mo 低碳板条马氏体钢为研究对象,其 d_i 表示马氏体多层次组织(原奥氏体晶粒,马氏体束、块及板条)的尺度。$n\delta$ 表示裂纹尖端的有效变形体积或高应变梯度区的尺寸,n 为应力状态系数,且 $1\leqslant n\leqslant1.5\sim2.0$,当裂纹尖端为平面应力状态时,$n=1$;平面应变状态时,$n=2$。建立该模型的意义在于为宏观韧性与细观韧性之间关系提供判据,同时通过这种相对耦合关系模型可以建立多层次组织参量与不同韧塑性指标之间的定量或半定量的关系,为预测金属材料的不同韧塑性能、设计创制具有高强韧塑性能的新材料提供新的思路和途径。

$$D_i = \frac{d_i}{n\delta} \tag{6-6}$$

宏观韧塑性指的是构件断裂前发生明显宏观塑性变形的力学性能指标,包括冲击韧性、拉伸塑性及拉伸静力韧度等。很多科研工作者致力于宏观韧塑性控制单元的研究,如 Kaijalainen 等[23]研究了在直接淬火下原奥氏体晶粒尺寸对强度和韧性的影响,认为原奥氏体晶粒为强韧性的控制单元;王春芳、董瀚等[24-25]认为马氏体束是宏观韧性的有效晶粒;

Luo 等[26]讨论了低碳 NiCrMoV 钢板条亚结构与韧性的关系,发现板条块尺寸是板条马氏体韧性的有效晶粒尺寸;Naylor[27]在 0.065C-0.97Mn-2.32Cr-0.83Ni-0.19Mo-0.31Si 钢中发现:随着领域和条宽的共同减小,脆性转折温度显著下降,表明了板条对韧性存在较大影响。综上所述,马氏体的原奥氏体晶粒,马氏体束、块及板条在不同的条件下对宏观韧性都有控制作用。

细观韧性指的微区内的韧塑性,包括断裂韧度及材料的起裂韧度,它与裂纹尖端的张开位移、曲率半径及塑性变形体积有关。对于裂纹韧度的有效控制单元也有很多研究,如 Bhattacharjee 等[28]在钛合金研究中发现晶粒尺寸与断裂韧性满足 Hall-Petch 关系;张峰等[29]发现当裂尖塑性区大于晶粒尺寸时,晶界上不具备因位错塞积而造成开裂的条件,晶内滑移面上位错塞积也不严重,以韧性断裂为主,表明晶粒的细化有利于提高断裂韧性,Mussler 等[30]在铝合金研究中也得到类似的结论。但也有文章报道在钢中断裂韧性随晶粒的粗化而增加[31-32],这可能与钢中的多层次组织有关。鄢文彬等[33]通过研究对比几种钢的断裂韧性,发现原奥氏体晶粒和马氏体束对断裂韧性影响较大;徐平伟等[18]发现马氏体板条的宽长比是断裂韧性的有效控制单元。由此可见,结论各不相同,导致这些差异的原因,仍然不清楚。本书将通过复合参量模型揭示这一差异,并搞清楚宏观韧塑性与细观韧塑性的关系。

6.2.2　复合参量模型的应用及分析

对于裂纹尖端有效变形体积,有以下几种看法:

(1) 根据断裂力学,通过式(6-7)[34]计算裂纹尖端塑性区 r_y(表示裂尖有效变形体积的大小),这里以 20CrNi2Mo 低碳钢和 52CrMoV4 钢为例,并与原奥氏体晶粒尺寸进行比较,如表 6-4 所示[18]。对比两种钢的塑性区大小,低碳钢较中高碳钢的塑性区大得多,同时塑性区 r_y 均比原奥氏体晶粒尺寸大。若将该值代入式(6-7),则所用组织参量与 r_y 比值都小于 1(由于原奥氏体晶粒是马氏体多层次组织中最大的),即 $D_i < 1$,这就失去了该判据的意义。

$$r_y = \frac{K_{IC}^2}{4\sqrt{2}\pi\sigma_s^2} \tag{6-7}$$

表 6-4　两种钢的塑性区及复合参量的大小比较

钢种	工艺	$J_{IC}/kJ \cdot m^{-2}$	$K_{IC}/MPa \cdot m^{1/2}$	σ_s/MPa	$r_y/\mu m$	$d_r/\mu m$	D_r
20CrNi2Mo	900 ℃	70.78	124.05	1 181.79	620	11.7	0.019
	1 000 ℃	78.91	131.04	1 122.79	767	16.3	0.021
	1 100 ℃	86.74	136.76	1 096.36	876	19.8	0.023
	1 200 ℃	90.44	139.70	1 074.81	951	110.3	0.116
52CrMoV4	S8	100.12	1 487	255	11.42	0.045	
	S9	85.8	1 479	189	54.31	0.286	
	S0	77	1 476	153	107.12	0.714	

注:S8、S9、S0 表示热处理工艺,见文献[18]。

（2）根据断裂力学中的裂纹张开位移（COTD）δ，$n\delta$ 表示裂尖有效变形体积。对于线弹性和小范围屈服的情况，裂纹尖端的张开位移可通过式（6-8）进行计算[35]；大塑性大范围屈服的材料，裂纹尖端的张开位移可通过式（6-9）进行计算[36]。值得注意的是，这里只考虑平面应变状态，都为小范围屈服，因此采用式（6-9）进行计算。这里以 20CrNi2Mo 低碳钢和 52CrMoV4 中碳钢[17]为例，设弹性模量 E 均等于 200 GPa，平面应变条件下 n 等于 2。同时，将 $n\delta$ 与原奥氏体晶粒及马氏体束进行比较，如表 6-5 所示。对比两种钢的复合参量 D_i 可以发现，在粗晶中，由于 $D_i > 1$，原奥氏体晶粒或马氏体束已经不是韧性的有效晶粒。然而，对于 20CrNi2Mo 钢韧性的有效晶粒为板条，这里仍不能说明，也就是说在塑性材料和脆性材料中，裂尖有效变形体积的定义可能不同。

$$\delta = \frac{4K_{\rm IC}^2}{\pi E \sigma_{\rm s}}(1-2\nu)(1-\nu^2) = \frac{4J_{\rm IC}^2}{\pi \sigma_{\rm s}}(1-2\nu) \tag{6-8}$$

$$\delta = \frac{K_{\rm IC}^2}{E \sigma_{\rm s}} = \frac{J_{\rm IC}}{(1-\nu^2)\sigma_{\rm s}} \tag{6-9}$$

表 6-5　两种钢的有效变形区及复合参量的大小比较

钢种	工艺	$n\delta/\mu m$	$d_{\rm r}/\mu m$	$d_{\rm p}/\mu m$	$D_{\rm r}$	$D_{\rm p}$
20CrNi2Mo	900 ℃	60.4	11.7	5.94	0.194	0.098
	1 000 ℃	70.9	16.3	8.25	0.230	0.116
	1 100 ℃	79.1	19.8	11.01	0.250	0.139
	1 200 ℃	84.2	110.3	32.56	1.310	0.387
52CrMoV4	S8	31.3	11.42	4.77	0.365	0.152
	S9	23.1	54.31	15.86	2.351	0.687
	S0	18.6	107.12	52.86	5.759	2.842

（3）采用 EBSD 对断裂韧性测试条件下的裂纹扩展路径进行分析，发现在裂纹扩展过程中及裂纹尖端存在高应变梯度区，这里以 20CrNi2Mo 低碳钢为研究对象，如图 6-7 所示。通过 EBSD 中的 Strain contouring 找到高应变区域（$W_{\rm h}$），如图 6-7 中箭头区域所示，结果表明高应变梯度区的尺寸随淬火温度的升高略有增加，但相差不大。此外，图 6-7 还显示了在具有较大晶粒、束尺寸的组织状态下，高应变梯度区呈椭圆形，这可能是受到束结构取向的影响，塑性协调使得裂纹垂直于束且横切束，使得整个束结构参与变形。然而，通过将组织参量代入计算，如表 6-6 所示，20CrNi2Mo 钢中，存在 $D_{\rm r}$、$D_{\rm p}$、$D_{\rm b}$ 小于 1 的现象，这表明束、块及板条对塑性都存在影响，但是仍然不能揭示塑韧性的有效控制单元。其可能原因是有效变形体积应该是裂纹尖端的有效体积，图中是裂纹扩展结束后区域，在后期的扩展中也存在塑性变形，加之裂纹宽度也存在偏差。

（4）裂纹在扩展过程中，随着裂纹的向前推移，裂纹尖端的塑性区逐渐增加，但通过观察发现，外加载荷 J 值的增量基本保持不变。因此，裂尖塑性区单位时间新增加的塑性区也是不变的，本书将其定义为裂尖高应变区增量，即 r_y^i，如图 6-8 所示。

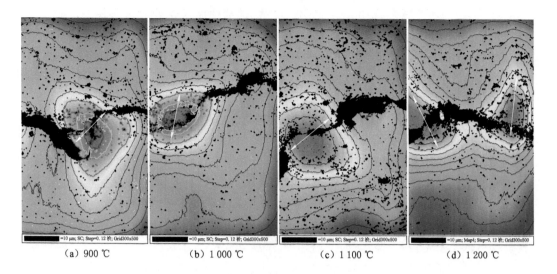

（a）900 ℃　　　　（b）1 000 ℃　　　　（c）1 100 ℃　　　　（d）1 200 ℃

图 6-7　EBSD 应变等高线图

表 6-6　高应变梯度区确定有效变形体积大小

钢种	工艺	$W_h/\mu m$	$d_r/\mu m$	$d_p/\mu m$	$d_b/\mu m$	D_r	D_p	D_b
20CrNi2Mo	900 ℃	13.3	11.7	5.94	1.38	0.88	0.45	0.10
	1 000 ℃	14.7	16.3	8.25	1.74	1.11	0.56	0.12
	1 100 ℃	16	19.8	11.01	2.29	1.24	0.69	0.14
	1 200 ℃	16.3	110.3	32.56	5.14	6.77	2.00	0.32

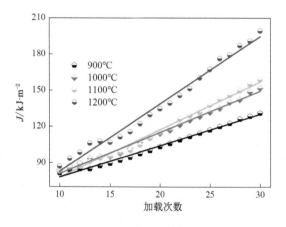

图 6-8　断裂韧性对加载次数的拟合曲线

高应变区增量与外力做功增量 ΔW 有关（$\Delta W = \Delta F \cdot \Delta a$），$\Delta F$ 表示外力的增量，Δa 为裂纹的扩展量。通常，当给定一个 F_1 时，裂纹扩展一定长度 a 后不能再进行扩展，因为 ΔF 为 0，要使裂纹继续扩展，ΔF 必须大于 0，使 ΔW 大于 0，这样才能克服裂纹前沿的弹性应变能和塑性变形能。

若单位时间内外力做功增量 ΔW 不变，ΔF 大，Δa 就小，表明塑性区对裂纹阻碍作用强,对应于典型的塑性断裂;相反,ΔF 小,Δa 就大,这表明裂纹扩展时只需要很小的力就能快速扩展,此时 r_y^t 很小,对应于脆性断裂。另外,当 ΔF 和 Δa 都较小时,则 ΔW 也小,但裂纹仍能扩展,只有一种可能就是阻力较小,r_y^t 变化更小才能满足扩展的条件,其对应于疲劳裂纹扩展过程。当 ΔF 和 Δa 都较大时,ΔW 也大,此时裂纹虽然扩展很快,塑性区也较大,这就对应于冲击裂纹扩展。

此外,裂纹扩展过程中,塑性区的大小与时间响应有关,若加载时间很快,如疲劳过程,较大塑性区未形成,小裂纹已经向前扩展了,塑性区对裂纹没有起到阻碍作用,从而导致裂纹路径很平直。对于疲劳过程,还有可能就是裂纹张开形成大尺度塑性区,就被循环载荷压回。但长裂纹快速扩展中与之不同,其主要取决加载载荷的大小,可以结合式(6-7)进行分析。

基于以上分析可知,在拉伸、冲击、断裂韧性测试及疲劳过程中,有效变形体积 V_E 与裂尖高应变区增量密切相关,即 Δt 时间内,裂纹扩展 Δa,外力做功 ΔW,而外载荷瞬时增量可以是 K_t、J_t(断裂韧性)及 F_t(力)。此时,V_E 将等价于高应变区增量,如式(6-10)所示。

$$V_E = r_y^t = \frac{K_t^2}{4\sqrt{2}\pi\sigma_s^2} \tag{6-10}$$

对于断裂韧性 J_{IC} 测试过程,我们选择稳定扩展阶段进行分析,这里以 20CrNi2Mo 低碳钢为研究对象。根据前面的测试分析,J_{IC} 测试加载-卸载 30 次,选择后面 20 次进行先行拟合,如图 6-8 所示,很明显在粗晶状态下 J_{IC} 的瞬时增量 J_t 大得多。然后,将图 6-8 拟合得到的斜率 k 除以平均每次加载卸载的时间 Δt,于是得到了外力增量 J_t,并代入式(6-10),进而得到了高应变区增量的大小,如表 6-7 所示。由表中数据可知,不同的组织状态,塑性区向前推移所需的能量不同,粗晶中大得多,这可能和组织的取向分布相关,也体现了板条对裂纹扩展的阻碍作用。显而易见,不同层次的复合参量中仅有板条尺寸与有效变形体积的比值小于 1,充分表明了板条对裂纹扩展的控制作用。

表 6-7　断裂韧性高应变区增量与复合参量的关系

温度	$\Delta t/s$	k	$J_t/kJ \cdot m^{-2}$	$r_y^t/\mu m$	$d_l/\mu m$	D_r	D_p	D_b	D_l
900 ℃	23.8	2.61	0.110	1	0.277	11.7	5.9	1.4	0.28
1 000 ℃	26.6	3.42	0.129	1.25	0.263	13.0	6.6	1.4	0.21
1 100 ℃	26.8	3.95	0.147	1.51	0.257	13.1	7.3	1.5	0.17
1 200 ℃	30.9	5.59	0.181	1.93	0.246	57.2	16.9	2.7	0.13

对于拉伸状态的有效变形体积,本研究也做了简单讨论,以 20CrNi2Mo 低碳钢为例进行说明。由于这里主要讨论裂纹扩展过程,因此选择最大载荷后的阶段进行探讨。拉伸过程的断裂韧度不易计算,本书通过以下推导进行估算。由于拉伸试样为圆棒样,其断裂韧度需要修正,这里 Y(通常 Y 取 1~2)取 2,如式(6-11)所示,σ 用真应力表示,第 4 章已有计算。裂纹扩展长度无法测量,但我们知道其与裂纹张开位移有关,即 $\delta \approx a$,δ 通过式(6-12)进行估算(式中 d 和 d_0 表示试样的横截面直径;l_t 表示瞬时位移,通过拉伸测试过程每时刻对应的位移进行确认)。同时,单位时间内的真应变也通过第 4 章的拉伸测试获得。将确认的拉

伸条件下的裂纹长度 a 代入式(6-11),再通过式(6-13)计算断裂韧性的增量 K_t。最后,将瞬时增量 K_t 代入(6-10)计算 r_y^t 或 V_E,结果如表 6-8 所示。通过比较裂尖高应变区增量与马氏体多层次组织的关系,发现只有马氏体板条与微小塑性区的比值小于 1,说明了马氏体板条对塑性的控制作用。

$$\Delta K = Y\sigma_s\sqrt{a} \tag{6-11}$$

$$e = 2\ln\frac{d_0}{d} = \frac{\delta}{l_t} \tag{6-12}$$

$$K_t = \frac{\Delta K}{\Delta t} = \frac{2\sigma_s\sqrt{e \cdot l_t}}{\Delta t} \tag{6-13}$$

表 6-8　拉伸条件下高应变区增量与复合参量的关系

温度	$\Delta t/s$	ΔK	$K_t/kJ \cdot m^{-2}$	$r_y^t/\mu m$	D_r	D_p	D_b	D_l
900 ℃	44	95	4.32	0.745	15.70	7.97	1.85	0.37
1 000 ℃	41	100	4.88	1.06	15.38	7.78	1.64	0.25
1 100 ℃	46	112	4.86	1.1	18.00	10.01	2.08	0.23
1 200 ℃	44	114	5.18	1.3	84.85	25.05	3.95	0.19

(5) 将韧窝尺寸 d_T 看作裂尖有效变形体积的尺寸。前面已经提到,韧性断裂来自孔洞的形成、长大和聚合,在裂纹尖端较大的塑性区内因应变较大可能会形成许多微孔,如图 6-7 所示,而其中只有部分孔洞参与合并形成裂纹,则这些因断裂而产生的韧窝尺寸可以看作有效变形体积。表 6-9、表 6-10 和表 6-11 分别显示拉伸、冲击和断裂韧性状态下韧窝与组织参量之间的比值关系,D_l 值表明马氏体板条对拉伸、冲击和断裂韧性均存在控制作用,而块对冲击、和断裂韧性过程也存在影响。

表 6-9　拉伸状态下韧窝尺寸与组织的关系

温度	$d_T(1)/\mu m$	$r_y^t/\mu m$	D_r	D_p	D_b	D_l
900 ℃	1.22	1.22	9.59	4.87	1.13	0.23
1 000 ℃	1.49	1.49	10.94	5.54	1.17	0.18
1 100 ℃	1.99	1.99	9.95	5.53	1.15	0.13
1 200 ℃	4.57	4.57	24.14	7.12	1.12	0.05

表 6-10　冲击状态下韧窝尺寸与组织的关系

温度	$d_T(2)/\mu m$	$r_y^t/\mu m$	D_r	D_p	D_b	D_l
900 ℃	1.37	1.37	8.54	4.34	1.01	0.20
1 000 ℃	1.66	1.66	9.82	4.97	1.05	0.16
1 100 ℃	1.97	1.97	10.05	5.59	1.16	0.13
1 200 ℃	4.29	4.29	25.71	7.59	1.20	0.06

表 6-11　断裂韧性状态下韧窝尺寸与组织的关系

温度	$d_T(3)/\mu m$	$r_y^t/\mu m$	D_r	D_p	D_b	D_l
900 ℃	1.42	1.42	8.24	4.18	0.97	0.20
1 000 ℃	2.07	2.07	7.87	3.99	0.84	0.13
1 100 ℃	2.58	2.58	7.67	4.27	0.89	0.10
1 200 ℃	4.11	4.11	26.84	7.92	1.25	0.06

以上通过五种方式对裂尖有效变形体积进行了分析,其对有效变形体积存在不同的理解。结果表明,在应变控制的断裂中,有效变形体积与裂尖高应变区增量、韧窝度密切相关,通过复合参量模型得到马氏体板条是韧塑性的有效控制单元。

6.2.3　D_i 在宏观韧性和细观韧性中的应用

前面已经提到,复合参量 D_i 可作为宏观韧性与细观韧性的判据,即若材料的某一层次组织是其宏观性能的控制参量,且裂纹尖端有效变形体积远大于该层次尺寸,相当于 $D_i<1$,则二者变化一致。反之,宏观韧性与细观韧性变化相反。

对比拉伸、缺口冲击及断裂韧性 J_{IC} 的测试条件及试样状态,发现材料的单轴拉伸过程时试样整体变形,故原奥氏体晶粒、束的影响较大,这是由于晶界、束界属于大角度界面,界面应力较大,裂纹易在此处萌生、长大,晶粒、束尺寸越大,塑性变形越不均匀,越容易沿界面低能撕脱,宏观塑性降低。对于缺口冲击,因缺口根部曲率半径较大,其根部的三轴应力远小于尖裂纹,则裂尖前沿的有效影响区较尖裂纹大得多,即缺口韧度受原奥氏体晶粒、束的影响较大[18],通常晶粒越粗大,晶界应力集中程度越大,缺口根部的塑性协调能力越差,所以在大多数材料中粗晶状态下的缺口韧性较低。然而,对于断裂韧性,其裂纹是通过疲劳预制产生的尖裂纹,裂尖三轴应力较大,其有效变形体积较钝裂纹小得多,因此随着晶粒的粗化,有效变形区内包含的晶粒、束就变少,其板条的作用就变得更显著,板条的长宽比越大、数量越多,裂纹横穿板条消耗的能量就越多,韧性越好,这也是在很多研究中发现随晶粒粗化断裂韧性增加的原因。

下面我们以 20CrNi2Mo 低碳钢和 30CrMnSiA 中碳钢为例,探讨复合参量 D_i 在宏观韧性与细观韧性中的应用。

表 6-12 和图 6-9 显示了 30CrMnSiA 钢中原奥氏体晶粒对其性能的影响,即随着晶粒的粗化,材料的断裂韧性 K_{IC}(细观韧性)逐渐增加,而冲击韧性 A_K 和断面收缩率 Z 却有所降低,二者呈相反的变化关系。同时,利用 Hall-Petch 关系建立了各性能与原奥氏体晶粒尺度的负二分之一次方之间的关系,结果表明 K_{IC} 与 $d_r^{-1/2}$ 呈反 Hall-Petch 关系,即 d_r 不是 K_{IC} 的有效控制单元;相反,A_K 和 Z 与 $d_r^{-1/2}$ 正相关,即 d_r 是其有效晶粒。

以上结果表明,在 30CrMnSiA 钢中,宏观韧塑性与细观韧塑性的有效控制单元不同,这取决于裂纹尖端有效变形体积大小,前面已经解释,这里不做详细分析。拉伸条件试样整体变形,冲击钝裂纹尖端有效变形体积较大,包含较多的晶粒,所以晶粒的协调变形作用影响宏观韧塑性,而断裂韧性裂尖有效变形体积较小,所以晶粒不是 K_{IC} 的有效晶粒。于是,我们用 d_r 作为试验钢宏观性能有效晶粒,$n\delta$ 作为微观韧性的有效变形体积,则 $D_r[D_r=d_r/(n\delta)]>1$,如表 6-12 所示,间接反映了宏观性能与细观韧性的变化相矛盾。此外,

$D_p[D_p = d_p/(n\delta)] < 1$,是否说明宏观性能与细观韧性变化一致呢？值得注意的是,虽然束与晶粒变化一致,但晶粒对宏观性能的协调作用占主导,这有可能是马氏体束与原奥氏体晶粒具有相同的关系面,其束界面能低于晶界所导致。

表 6-12   30CrMnSiA 组织与性能的关系

钢种	工艺	K_{IC} /MPa·m$^{-1/2}$	A_K/J	Z/%	$n\delta$/μm	d_r/μm	d_p/μm	D_r	D_p
30CrMnSiA	B-1	99	44.8	30.2	30.8	97	30	3.15	0.97
	B-2	81	56.8	46.3	21.8	38	13	1.74	0.60
	B-3	77	77.3	53	16.9	22	9	1.30	0.53
	B-4	63.6	75	54.8	12.4	14	6.8	1.13	0.55

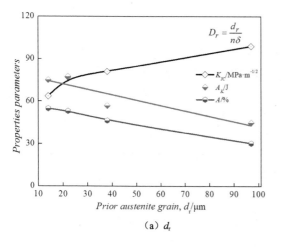

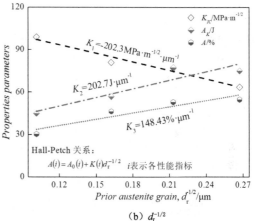

（a）d_r （b）$d_r^{-1/2}$

图 6-9   30CrMnSiA 原奥氏体晶粒与性能的关系

相比 30CrMnSiA 钢,20CrNi2Mo 低碳钢的变化有所不同,其性能和组织间的关系在第 4 章、第 5 章做了详细分析。结果为:20CrNi2Mo 钢中的宏观性能(塑性 Z、冲击性能 A_K、拉伸晶粒韧度 U_K 及扩展功 U_C)与微观韧性 J_{IC} 都随着晶粒的粗化而增加,二者的变化相同。同时,利用 Hall-Petch 关系建立了各性能指标与马氏体多层次组织间的关系(图 4-16,图 5-8 和图 5-15),发现二者的有效控制单元均为马氏体板条。其原因如下:

(1) 30CrMnSiA 钢与 20CrNi2Mo 钢成分上存在差异,如表 6-13 所示,后者碳含量低,增加碳含量也将增加其在晶界处偏聚[37]。此外,20CrNi2Mo 钢含有较多的 Ni 和 Mo 元素,该两种元素本身具有提高材料强度、塑性和韧性的作用[38-39],其可能原因是该元素降低了晶界的应力集中程度。同时,Si、Mn 元素促进 C 在晶界上偏聚[40]。总的来说,30CrMnSiA 钢中由于增加了固溶碳量,显著提高了淬火过程的淬火应力,从而导致大角度界面的应力集中程度增加。

表 6-13　两种钢的成分比较

钢种	C	Mn	Si	Cr	Mo	Ni	S	P	Cu	W
20CrNi2Mo	0.208	0.666	0.255	0.647	0.262	1.698	0.008 9	0.012	0.024	
30CrMnSiA	0.31	0.88	1.11	0.93	0.05	0.11	0.02	0.016		0.06

（2）由图 4-2 中的拉伸曲线可以看出，在颈缩之前的区域只有总应变的 1/3，且从真应力-应变曲线来看，拉伸过程的萌生功微乎其微，远小于扩展功 $U_{\rm C}$。也就是说，在 20CrNi2Mo 钢中，不管是拉伸、冲击还是断裂韧性，裂纹的扩展消耗的能量占主导。众所周知，微裂纹沿晶界扩展导致低能撕脱，则消耗能量低；微裂纹横穿板条扩展，则消耗大量的能量。在 20CrNi2Mo 钢中，粗晶中微裂纹遇到板条的概率增加，且穿过的板条的数量也增加，导致在粗晶中获得较好的力学性能。这也解释了 20CrNi2Mo 钢随着晶粒的粗化宏观性能与微观韧性均提高的规律。

低碳钢特别是含 Ni 的低碳钢淬火马氏体相变过程在大角度晶界处产生的应力集中程度小，由于整体塑韧性很高，属于应变控制的断裂，导致在拉伸发生颈缩过程，孔洞沿原奥氏体晶界扩张的可能性降低，因此随原奥氏体晶粒粗化，孔洞扩张和聚合过程必然与板条相遇的概率增加，从而使断裂过程剪断板条的数量增加而提高塑性。而缺口冲击过程中在缺口处应力集中程度远高于拉伸，限制了变形区的尺寸，断裂过程，孔洞的扩张和聚合与大角度晶界相遇的概率与拉伸比较更低，同理也会随原奥氏体晶粒粗化提高缺口冲击韧性。

根据对有效变形体积的计算分析，$D_i[D_i=d_1/(n\delta)]$ 都小于 1，表明了通过复合参量 D_i 可以判断宏观性能和微观韧性是否一致。同时，该结果也表明，塑性断裂与脆性断裂中有效变形体积的概念不同，这应与其断裂的机理相关。

6.3　临界孔穴扩张比模型的应用

前面谈到材料的组织与性能一直是科学家关注的热门话题，特别是宏观性能与微观组织的关系。本章第一部分谈到的以微孔形核模型建立韧性断裂中微观参量（r^*）与宏观性能（$J_{\rm IC}$，σ_s 及 E 等）之间的关系，其为性能与微观组织的关系提供了新的方向。第二部分通过复合参量 D_i 模型为宏观韧塑性及裂纹韧度的有效控制单元提供了判据，同时解释了宏观韧塑性与微观韧塑性之间的关系，也建立了宏观性能与微观组织间的关系。郑长卿等[15]经过多年的研究，提出了临界孔穴扩张比 $V_{\rm GC}$，揭示了宏观力学效应的微观机制，从宏观力学参量的测量反映了材料微观组织变化的本质特征。本部分利用临界孔穴扩张比模型对裂纹稳态扩展过程进行讨论。

本书利用宏观力学参量（ε_f 和 R_σ）和微观参量（R_0 和 R_C）对试验钢的临界形核孔穴扩张比 $V_{\rm GC}$ 进行计算。值得注意的是 $V_{\rm GC}$ 反映的是孔穴形核到失稳过程的材料常数，孔洞的聚合表示材料失效，以 20CrNi2Mo 钢的试验参数进行计算：微观上，选取本章第一部分的临界形核半径 r^* 替代 R_0，同时用本章第一部分的 d_0 及韧窝尺寸分别代替 R_C 分析计算 $V_{\rm GC}$；宏观上，利用第 4 章的拉伸过程中断裂时的颈缩处的最小直径和曲率半径计算 R_σ，并将真应力-真应变曲线中断裂应变代入式（2-30）进行计算，结果如表 6-14 所示。

表 6-14　临界形核扩张比的相关参数及计算

温度	$R_0/\mu m$	$d_0/\mu m$	$d_T/\mu m$	a/mm	r/mm	R_σ	ε_f	$V_{GC}(1)$	$V_{GC}(2)$	$V_{GC}(3)$
900 ℃	0.140	0.601	1.22	2.32	1.98	0.79	0.822	2.72	5.2	2.69
1 000 ℃	0.134	0.606	1.49	2.23	1.76	0.82	0.902	2.9	6.06	3.09
1 100 ℃	0.126	0.599	1.99	2.17	1.72	0.82	0.956	3.08	7.3	3.27
1 200 ℃	0.128	0.603	4.57	2.11	1.63	0.83	1.012	3.04	10.2	3.51

表中，$V_{GC}(1)=\dfrac{1}{C}\ln\dfrac{d_0}{2R_0}$，$V_{GC}(2)=\dfrac{1}{C}\ln\dfrac{d_T}{2R_0}$，$V_{GC}(3)=\varepsilon_f\exp\left(\dfrac{3}{2}R_\sigma\right)$，$C$ 取 0.283。

对比三个计算结果，$V_{GC}(3)$ 为与宏观应力变化相关的值，可作为参考值。而 $V_{GC}(2)$ 与 $V_{GC}(3)$ 相差较大，这表明断口上的韧窝形貌体现的是断裂后孔洞尺寸，与失稳时的孔洞尺寸 R_C 不同，所以 R_C 不能用韧窝尺寸代替。同时，$V_{GC}(1)$ 与 $V_{GC}(3)$ 比较接近，但存在偏差，其可能与常数 C 有关。据文献报道[15]，C 与材料的硬化指数、析出相的分布及形核特性有关，修正计算 C 的大小分别为 0.284、0.264、0.265 和 0.244，该值越小，可间接反映孔洞的形核越少，这充分反映了粗晶材料中由于低能界面较多而导致微孔形核难相对应。

对比不同工艺下临界形核扩张比 V_{GC}，随淬火温度升高，V_{GC} 随之增加，其宏观上取决于颈缩有效应变 ε_p 和应力三轴性状态系数 R_σ 的增加，如图 6-10(a) 所示。

同时，V_{GC} 与 J_{IC} 同为材料的韧性指标，都是材料组织状态常数，二者之间必然存在相关系，如图 6-10(b) 所示。原因是，微裂纹的形成和孔洞的形核、扩张及聚合是一个相互促进及交替的过程：微孔的形核、扩张及聚合形成微裂纹，而微裂纹前沿在三轴应力及塑性应变的作用下形成微孔。因此，二者的变化趋势一致，微观上体现了组织状态对孔洞形成扩张和微裂纹的影响。此外，V_{GC} 与断面收缩率、静力韧度中裂纹扩展功 U_C 及冲击韧性也呈线性关系，其可能都反映了裂纹的扩展行为。

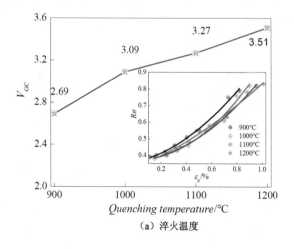

(a) 淬火温度

图 6-10　V_{GC} 与其他参数的关系

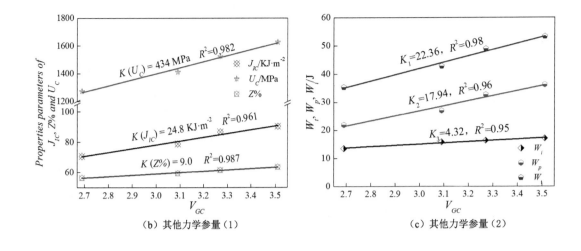

（b）其他力学参量（1）　　　　　　　　　（c）其他力学参量（2）

图 6-10　（续）

J_{IC} 与 V_{GC} 都是材料的特性参数，反映了热处理工艺或组织状态的影响，图 6-10(b)的拟合曲线告诉我们，J_{IC} 与 V_{GC} 满足良好的线性关系，这不是偶然的，也不仅仅是经验关系，其反映了裂纹韧度和孔穴韧度的关系，即可以表示为式(6-14)，其中 m、n 是与材料或组织有关的系数，在 20CrNi2Mo 钢中，m 约为 28.8，n 约为 3.69。

$$J_{IC} = mV_{GC} + n \tag{6-14}$$

6.4　裂纹扩展过程中三个模型的关系

本章第一部分提到孔洞的临界形核直径与板条宽度近似，而马氏体板条又是 20CrNi2Mo 钢宏观塑韧性和微观塑韧性的有效控制单元，于是可以近似得到式(6-15)、式(6-16)，这就得到了三个模型之间的关系。

$$D_i = \frac{d_i}{n\hat{\delta}} = \frac{d_i}{V_E} \approx \frac{R_0}{R_C} \tag{6-15}$$

$$V_{GC} = \frac{1}{C}\ln\frac{R_0}{R_C} \approx \frac{1}{C}\ln\frac{V_E}{d_i} = \frac{1}{C}\ln\frac{1}{D_i} \tag{6-16}$$

同时，将板条宽、V_{GC} 代入式(6-16)计算其有效变形体积，分别为 0.595 μm，0.595 μm，0.611 μm 和 0.579 μm，近似等于 R_C。可以看出，该值远小于裂尖塑性区尺寸，也小于韧窝尺寸，这就反映了裂尖有效变形体积与失稳前的临界孔洞相关，也就是说，裂纹尖端在塑性区内形成孔洞，但只有部分孔洞合并形成裂纹，如图 6-11 所示。因此，在应变控制的断裂中，临界孔洞的体积才是微裂纹尖端的有效变形体积。

综上所述，以上三个模型连接了孔洞的形核、扩张、聚合形成过程，即微裂纹的萌生及扩展过程，而这些过程与材料的微观组织密切相关，因此，揭示了宏观性能与微观参量的关系。

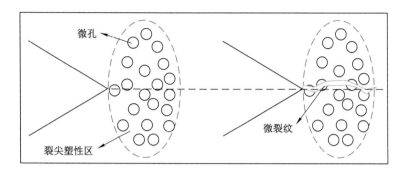

图 6-11 微裂纹孔洞合并模型

参 考 文 献

[1] 李晓刚,郑修麟.金属塑性断裂的微观模型[J].金属科学与工艺,1987(3):65-73.

[2] 荣伟,张德骃,马茂元,等.金属断裂韧性与微观参量的关系[J].哈尔滨船舶工程学院学报,1994(2):31-39.

[3] 孙军,邓增杰.裂纹启裂韧度与韧窝尺寸的相关性[J].兵器材料科学与工程,1989,12(3):36-43.

[4] RITCHIE R O,THOMPSON A W. On macroscopic and microscopic analyses for crack initiation and crack growth toughness in ductile alloys[J]. Metallurgical transactions A,1985,16(2):233-248.

[5] RICE J R,TRACEY D M. On the ductile enlargement of voids in triaxial stress fields [J]. Journal of the mechanics and physics of solids,1969,17(3):201-217.

[6] ROY G L,EMBURY J D,EDWARDS G,et al. A model of ductile fracture based on the nucleation and growth of voids[J]. Acta metallurgica,1981,29(8):1509-1522.

[7] ZHENG C Q,RADON J C. Basic tensile properties of a low-alloy steel BS4360-50D [C]//Proceedings of Fracture Mechanics Technology Applied to Material Evaluation and Structure Design,Melbourn,1983.

[8] CHANDLER M Q,BAMMANN D J,HORSTEMEYER M F. A continuum model for hydrogen-assisted void nucleation in ductile materials[J]. Modelling and simulation in materials science and engineering,2013,21(5):55028.

[9] SEMENOV A A,WOO C H. Interfacial energy in phase-field emulation of void nucleation and growth[J]. Journal of nuclear materials,2011,411(1/2/3):144-149.

[10] 陈和春,杨振恒.金属空洞断裂模型[J].金属科学与工艺,1986(4):14-20.

[11] LEVITAS V I,ALTUKHOVA N S. Thermodynamics and kinetics of nanovoid nucleation inside elastoplastic material[J]. Acta materialia,2011,59(18):7051-7059.

[12] NEEDLEMAN A. A continuum model for void nucleation by inclusion debonding[J]. Journal of applied mechanics,1987,54(3):525-531.

[13] MAYER A E,MAYER P N. Continuum model of tensile fracture of metal melts and

its application to a problem of high-current electron irradiation of metals[J]. Journal of applied physics,2015,118(3):035903.

[14] TVERGAARD V. Void shape effects and voids starting from cracked inclusion[J]. International journal of solids and structures,2011,48(7/8):1101-1108.

[15] 郑长卿,周利,张克实.金属韧性破坏的细观力学及其应用研究[M].北京:国防工业出版社,1995.

[16] 梁益龙,雷旻,钟蜀辉,等.板条马氏体钢的断裂韧性与缺口韧性、拉伸塑性的关系[J].金属学报,1998,34(9):950-958.

[17] 梁益龙,钟蜀辉,唐道文,等.35SiMnMoV钢的显微组织参量在断裂过程中的作用[J].金属热处理学报,1999(4):11-17.

[18] 徐平伟,梁益龙,黄朝文.奥氏体晶粒对52CrMoV4弹簧钢强韧性的影响[J].材料热处理学报,2012,33(1):89-93.

[19] LIANG Y L,LEI M,ZHONG S H,et al. The relationship between fracture toughness and notch toughness,tensile ductilities in lath martensite steel[J]. Acta metallrugica sinica,1998,34(9):950-958.

[20] RITCHIE R O,FRANCIS B,SERVER W L. Evaluation of toughness in AISI 4340 alloy steel austenitized at low and high temperatures[J]. Metallurgical and materials transactions A,1976,7(6):831-838.

[21] RITCHIE R O,HORN R M. Further considerations on the inconsistency in toughness evaluation of AISI 4340 steel austenitized at increasing temperatures[J]. Metallurgical transactions A,1978,9(3):331-341.

[22] 易艳良.高强度钢"多层次"组织结构对力学性能影响的研究[D].贵阳:贵州大学,2015.

[23] KAIJALAINEN A J,SUIKKANEN P P,LIMNELL T J,et al. Effect of austenite grain structure on the strength and toughness of direct-quenched martensite[J]. Journal of alloys and compounds,2013,577:S642-S648.

[24] 王春芳.低合金马氏体钢强韧性组织控制单元的研究[D].北京:钢铁研究总院,2008.

[25] 董瀚,李桂芬,陈南平.高强度30CrNiMnMoB钢的脆性断裂机理[J].钢铁,1997,32(7):49-53.

[26] LUO Z J,SHEN J C,SU H,et al. Effect of substructure on toughness of lath Martensite/Bainite mixed structure in low-carbon steels[J]. Journal of iron and steel research,international,2010,17(11):40-48.

[27] NAYLOR J P. The influence of the lath morphology on the yield stress and transition temperature of martensitic-bainitic steels[J]. Metallurgical transactions A,1979,10(7):861-873.

[28] BHATTACHARJEE A,VARMA V K,KAMAT S V,et al. Influence of β grain size on tensile behavior and ductile fracture toughness of titanium alloy Ti-10V-2Fe-3Al[J]. Metallurgical and materials transactions A,2006,37(5):1423-1433.

[29] 张峰,陈刚.车轮断裂韧性与组织和性能的关系[J].理化检验(物理分册),2004,40

(4):172-175.

[30] MUSSLER B, SWAIN M V, CLAUSSEN N. Dependence of fracture toughness of alumina on grain size and test technique[J]. Journal of the American ceramic society, 1982,65(11):566-572.

[31] SARIKAYA M, STEEDS J W, THOMAS G. Lattice-parameter measurement in retained austenite by CBED[C]//Electron Microscopy Society of America Annual Meeting,Phoenix,1983.

[32] 黎永钧. 低碳马氏体的组织结构及强韧化机理[J]. 材料科学与工程,1987,5(1):39-47.

[33] 鄢文彬,富振成,韦小芳. 几种结构钢经不同热处理后的低温断裂韧性[J]. 西安交通大学学报,1984,18(5):39-48.

[34] 束德林. 工程材料力学性能[M]. 2 版. 北京:机械工业出版社,2007.

[35] MA K K, WEN H M, HU T, et al. Mechanical behavior and strengthening mechanisms in ultrafine grain precipitation-strengthened aluminum alloy[J]. Acta materialia,2014,62:141-155.

[36] 黄克智,余寿文. 弹塑性断裂力学[M]. 北京:清华大学出版社,1985.

[37] 胡静,姜玉仙,林栋樑. 碳含量对含钼钢中磷、钼和碳晶界偏聚的影响[J]. 材料热处理学报,2002,23(1):8-10.

[38] 米振莉,唐荻,江海涛,等. 一种铜、镍合金化的孪晶诱导塑性钢铁材料及制备工艺:CN100577846C[P]. 2010-01-06.

[39] 范长刚,董瀚,时捷,等. 镍含量对 2200 MPa 级超高强度钢力学性能的影响[J]. 金属热处理,2007,32(2):16-19.

[40] 李树尘,刘世楷. Fe-C-Si-Mn 晶界多元偏聚研究与热力学分析[J]. 金属学报,1991(3):101-105.

第7章　其他板条马氏体钢断裂行为分析

近年来,关于材料多层次微观结构与力学性能之间关系,一直是国内外学者关注的话题。自 20 世纪 60 年代以来,大量的研究[1-13]都试图揭示微观结构与强度、韧性等的关系,他们利用经典的 Hall-Petch 关系、线性拟合等揭示微观结构对力学性能的控制作用。然而,由于分析角度、表征手段等差异,对各性能指标的有效晶粒也存在不同的认识,就条状马氏体钢而言,强度、韧性的有效晶粒有原奥氏体晶粒[1-2]、束[3-4]及块[5-9]等。此外,Luo、Wang 等[10-11]利用 EBSD 对裂纹扩展路径进行分析,发现裂纹遇到大角度界面发生偏折,因此认为马氏体束、块是韧性的有效晶粒,但仅仅只针对脆性断裂。而对于应变控制的断裂并非如此,我们前期研究认为马氏体板条通过自身的弯曲、旋转及剪切控制塑性材料的韧、塑性[12-13]。因此,关于各性能指标的有效控制单元至今仍无统一定论,众说纷纭。

另外,低、中碳低合金高强度钢经淬火+低温/中温回火处理后,随原奥氏体晶粒粗化,材料的断裂韧性显著提高,而冲击韧性和拉伸塑性降低[14-17],即细观韧性与宏观韧性本末倒置,在 TiAl 基金属间化合物及钛合金中也发现类似现象[18-19]。相反,中高碳钢经淬火+低温/中温回火处理,宏观韧塑性与细观韧塑性随晶粒粗化均降低,变化一致。此外,我们前期在研究 20CrNi2Mo 钢时发现,宏观韧塑性与细观韧塑性随晶粒粗化变化一致,但均增加[12]。以上结果表明细观韧塑性与宏观韧塑性有时一致,有时不一致,这使得对韧断裂机制的理解产生了较大的障碍。早在 20 世纪 70 年代,Ritchie 等[20]为解决该问题提出了显微组织特征距离 X_0 的概念,研究发现 X_0 随晶粒的粗化而增加,此时在 X_0 范围内的所有点均达到临界断裂应力或应变较困难,则细观韧性增加。对宏观塑韧性,冲击钝缺口前沿、拉伸塑性变形的体积较大,包含的晶粒较多,晶粒粗化时塑性变形区内的晶粒少,导致临界断裂应力降低,则冲击韧性、拉伸塑性降低。因此,特征距离 X_0 可以解释细观韧塑性与宏观韧塑性矛盾关系。然而,这并没有解决二者同时降低或一致提高关系。此外,我们前期研究发现特征距离 X_0 的物理意义不明确,且特征距离 X_0 也没有阐述其他亚结构的作用[21]。

还有,Hall-Petch 关系是讨论材料强度、韧性等有效晶粒直接、有效的方法,其源于微观结构中大角度界面对位错滑移的阻碍作用。然而,随着晶粒细化至纳米级或大量小角度界面的出现,位错塞积理论的应用受到限制,材料的性能指标与纳米晶之间也不再服从 Hall-Petch 关系[22-23],这对给材料性能有效晶粒的判据提出了新的挑战。此外,同一种材料相同类型的、不同尺度的多层次结构,其断裂模式可能是不同的,则 Hall-Petch 关系能否适用也是不清楚的。

为了更好地理解多层次结构不同的断裂机制,弄清楚宏观塑韧性和细观塑韧性的一致和矛盾关系,且弥补 Hall-Petch 关系不适用于纳米晶或小角度界面等问题,本研究基于裂纹尖端塑性区提出了一个新的模型讨论材料断裂机制,即复合参量模型(D_i 值)。复合参量模型不受载荷、取向角大小等条件的限制,只与组织尺寸和塑性变形区或裂尖高应变区的体积比值大小有关,其为研究塑韧性控制单元及揭示各种断裂模式的规律提供了新思路。

7.1　断 裂 模 式

图 7-1 根据拉伸曲线、断口形貌及裂纹扩展路径等特征揭示了不同的断裂模式：曲线 (1)几乎没有塑性变形，对应 A 区的解理断裂和 D 区裂纹沿晶扩展特征，为典型的应力控制 的断裂；曲线(2)与曲线(1)正好相反，存在较大的塑性变形，对应 B 区的韧窝和 E 区的穿束 扩展特征，且裂纹两侧表现出明显的塑性变形特征，即为应变控制的断裂；对于曲线(3)，其 塑性变形介于曲线(2)与(1)之间，存在较低的塑性变形，表现出沿晶界的低能撕脱特征，裂 纹路径也较平直，为典型的混合断裂模式。

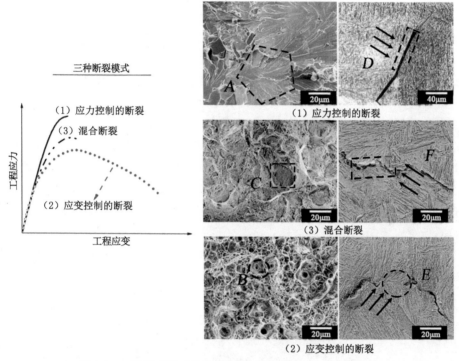

图 7-1　三种断裂模式的拉伸曲线、断口形貌及裂纹扩展特征

对于条状马氏体多层次结构材料，对其断裂模式的影响因素很多，如温度、加载速度、碳 含量(C%)等。关于碳含量(C%)的影响，本书根据温度的影响机制认为，对于体心立方和 密排六方结构，随着温度降低，材料的塑性断裂应力增大，而解理应力随温度基本不变[24]， 而 C% 增加与温度降低的规律相似，如图 7-2 所示。当 C% 较低时，因材料解理应力大于塑 性断裂应力，则随外载荷的增加，工作应力(外加载荷)首先超过其本身的塑性断裂应力，产 生塑性变形，表现出应变控制的断裂；相反，当 C% 较高时，材料解理应力小于塑性断裂应 力，即随工作载荷的增加，材料来不及产生塑性变形，其工作应力已经超过材料本身的解理 应力而产生脆断，表现出应力控制的断裂。当 C% 位于以上两者之间时，即图 7-2 的中间区 域所示，工作应力首先超过材料本身的屈服应力而产生塑性变形，随后并没有达到塑性断裂 应力，而是达到解理引力，表现出混合断裂模式。图 7-2 主要显示了碳钢粗晶条件下的断裂 模式，在中碳钢细晶条件下其也表现为应变控制的断裂。

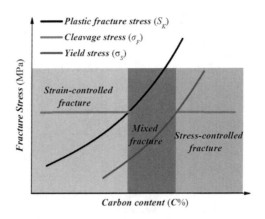

图 7-2　碳钢粗晶条件下临界剪切应力、临界正应力、屈服强度与碳含量的关系

这里以 20CrNi2Mo 钢、30CrMnSiA 钢及 52CrMoV4 钢为例,如图 7-3 所示。显而易见,三种含碳量不同的钢经淬火＋低/中温回火处理的断裂,分别对应了以上三种断裂模式。此外,图 7-3 中塑韧性与晶粒的关系曲线更揭示了一个有趣的现象:20CrNi2Mo 钢中,宏观塑韧性(断面收缩率、冲击韧性)与细观韧性(断裂韧性)随晶粒的粗化逐渐增加[13,21];30CrMnSiA 钢中,随晶粒的粗化,宏观塑韧性降低,细观塑韧性增加,二者呈矛盾关系[21];对于 52CrMoV4 钢,宏观塑韧性与细观韧性随晶粒的粗化均降低[25]。该结果表明,宏观塑韧性与细观韧性在应力控制的断裂和应变控制的断裂中随晶粒的粗化二者变化一致,而前者均增加,后者均降低,在混合断裂模式下二者呈矛盾关系。也就是说宏观塑韧性与细观韧性有时降低,有时增加,二者之间有时变化一致,有时呈矛盾关系,这为研究微观组织与塑韧性的关系提出了新的挑战。

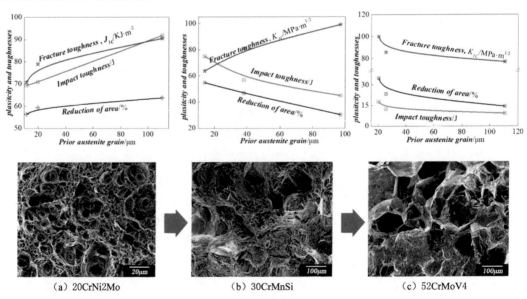

(a) 20CrNi2Mo　　　　　(b) 30CrMnSi　　　　　(c) 52CrMoV4

图 7-3　三种碳钢淬火＋低温回火后的塑韧性及拉伸断口特征

早在 20 世纪 70 年代,为了解释拉伸塑性、冲击韧性与断裂韧性相反的关系,Ritchie 等[20]提出了显微组织特征距离 X_0 的概念。X_0 的含义就是所有断裂都不是连续进行的,而是按一定的单元向前推进,X_0 就是这个单元。通常,所有的断裂均在裂尖前沿的一定体积内发生,有且只有当该体积内的所有点都达到材料的临界断裂应力或断裂应变时,才会向前开裂 X_0 的距离。

Ritchie 通过 V 形缺口弯曲试验得出,粗晶粒钢的缺口具有较大有效曲率半径(ρ_0),因此粗晶粒具有较大的特征距离 X_0,尽管断裂应变较小,但要在大的 X_0 范围内所有点均达到断裂应变较细晶粒困难得多,这可解释断裂韧性增加。对比断裂韧性、冲击韧性及拉伸塑性,冲击钝缺口前沿、拉伸塑性变形的体积较大,包含的晶粒较多,晶粒粗化时塑性变形区内的晶粒少,其导致临界断裂应力降低,这就是晶粒粗化导致断裂韧性增加,而冲击韧性、拉伸塑性降低的原因。该结论较好地解决了 30CrMnSiA 钢塑韧性的变化规律,但并没有解决应变控制断裂(20CrNi2Mo 钢)和应力控制的断裂(52CrMoV4 钢)塑韧性的变化特点。

前期对 Ritchie 提出的显微组织特征距离 X_0 进行了深入研究,若以原奥氏体晶粒为 X_0,断裂韧性的预测值远小于实测值;若以第二相粒子间距为 X_0,预测值与实测值的变化趋势不吻合[21]。因此,Ritchie 等提出的显微组织特征距离 X_0 的物理意义不明确,且并未揭示马氏体其他亚结构对塑韧性的影响。于是,本研究针对多层次结构,利用复合参量模型对三种板条马氏体的断裂规律进行分析,且弥补其他分析方法的不足。

7.2　复合参量模型在应变控制的断裂中应用分析

为了讨论复合参量模型在应变控制的断裂中应用,本书以 20CrNi2Mo 低碳板条马氏体钢为研究对象,分别分析试验钢在拉伸、冲击、断裂韧性测试条件下的有效控制单元及断裂机制。

7.2.1　20CrNi2Mo 的力学性能与微观组织

取 900 ℃(A1)、1 000 ℃(A2)和 1 200 ℃(A3)淬火试样进行分析,然后经 200 ℃低温回火处理。图 4-3 显示试验钢的拉伸曲线,且各力学性能指标列于表 4-3 中。随淬火温度的升高,试验钢的强度略有降低,但断面收缩率(Z)、延伸率(A)随着晶粒的粗化而增加,其中 Z 增幅为 12.9%。$\varepsilon_b/\varepsilon_f$ 比值体现了 20CrNi2Mo 钢均匀变形阶段对塑性的贡献较小,其结果说明塑性变形主要取决于裂纹扩展阶段,即应变控制的断裂。此外,冲击韧性(A_K)和断裂韧性(J_{IC})也随着淬火温度升高而显著增加,增幅分别为 32.5% 和 27.8%。以上结果说明在 20CrNi2Mo 钢中,随着晶粒的粗化试验钢的塑性、韧性均提高,根据 Hall-Petch 关系,晶粒不再是塑韧性的有效晶粒。此外,20CrNi2Mo 钢的宏观韧塑性与细观韧塑性变化一致。

同时,本书利用 Hall-Petch 关系分析试验钢多层次组织讨论塑韧性的控制作用。根据细晶增强、增塑的原理,其塑性指标与结构材料的组织也满足 Hall-Petch 关系,如式(7-1)所示。此外,韧性是强度和塑性的综合,强度和塑性提高了,韧性也会增加,其与组织也满足 Hall-Petch 关系[6-9,14-16]。

$$\Omega = \Omega_0 + Kd^{-1/2} \tag{7-1}$$

本书通过 Hall-Petch 关系中 K 值的大小及正负来反映多层次组织对塑、韧性指标的控制作用,即 K 值为正且越大,则该层次组织对力学性能影响越强烈。由图 7-4 和表 7-1 可知,不管塑性还是韧性,K_r、K_p、K_b 都不为 0,表 7-1 说明原奥氏体晶粒和马氏体束、块对 20CrNi2Mo 钢都有影响,可能原因是:断裂都源于裂纹的萌生和扩展,而奥氏体晶界和马氏体束、块界面均属大角度界面,利于裂纹的萌生。然而,K_r、K_p 与 K_b 均为负值,说明原奥氏体晶粒和马氏体束、块与试验钢的塑韧性不满足 Hall-Petch 关系,即它们并不是该试验钢塑韧性有效晶粒。相对而言,仅有 K_l 为正,揭示了马氏体板条对 20CrNi2Mo 钢塑韧性的控制作用。

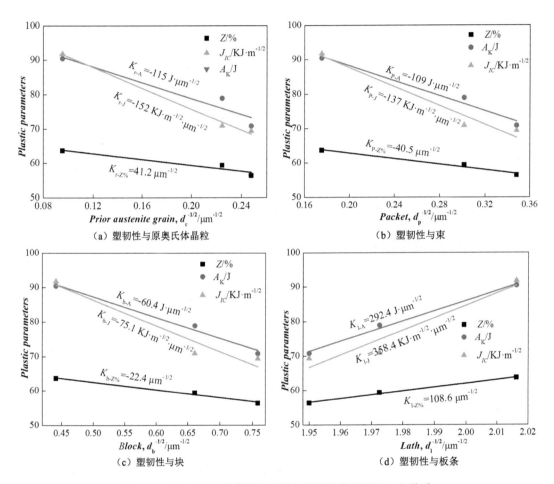

（a）塑韧性与原奥氏体晶粒　　　　　　（b）塑韧性与束

（c）塑韧性与块　　　　　　　　　（d）塑韧性与板条

图 7-4　20CrNi2Mo 钢多层次组织与塑韧性的 Hall-Petch 关系

表 7-1　20CrNi2Mo 钢多层次组织与塑韧性的 Hall-Petch 关系中的 K 系数

斜率	$Z/\%$	$J_{1C}/kJ \cdot m^{-2}$	A_K/J
K_r	-41.2	-115.0	-152.0
K_p	-40.5	-109.0	-137.0
K_b	-22.4	-60.4	-75.1
K_l	108.6	292.4	358.4

注:K_r,K_p,K_b 和 K_l 分别表示原奥氏体晶粒、束、块及板条与塑、韧性的 Hall-Petch 关系的斜率。

　　根据以上分析可知,虽然 Hall-Petch 关系可以确定塑韧性的有效控制单元,但细观之不难发现:一方面,板条宽度相差不大,其值越小,统计误差越大。而且我们前期的研究表明,20CrNi2Mo 钢的塑韧性受控于板条的数量和长宽比,并非其宽度。另一方面,板条的取向角为小角度界面,对位错的运动的阻碍程度较低,即违背了 Hall-Petch 关系适用于大角度界面(位错塞积理论)。

7.2.2　复合参量模型在应变控制的断裂中的应用

　　应变控制的断裂中,复合参量模型的物理意义为:$D_i > 1$,该层次组织对塑韧性一定不起作用;$D_i < 1$,该层次结构对塑韧性有一定作用,但不一定起控制作用,D_i 最小的组织参量对塑韧性起控制作用。然而,D_i 值的计算难点在于有效变形体积的计算。

7.2.2.1　断裂韧性(J_{1c})

　　图 7-5 显示了 900 ℃和 1 200 ℃断裂韧性试验过程的裂纹扩展路径及裂尖张开位移 σ。由图 7-5 可知,经 1 200 ℃淬火的粗晶结构材料裂尖张开位移较大,间接反映了较好的韧性在粗晶组织中获得。

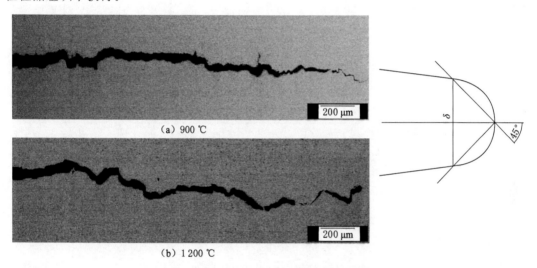

(a) 900 ℃

(b) 1 200 ℃

图 7-5　J_{1c}裂纹扩展路径及裂尖张开位移

　　三点弯试样断口包括线切割区、疲劳预裂区、伸张区(钝化区)、裂纹扩展区和压断区,钝化区位于断面中部 3/8～5/8 宽度的位置,当预制的疲劳裂纹体受载时,在裂尖塑性区产生大量的滑移,许多相应的交叉滑移使其断口呈现蛇形滑移特征,进一步变形使得许多间距较小的滑移面相继启动,使蛇形滑移花样平坦化变成涟波花样。然后,随着变形的进行,涟波花样变得更平坦,这就是伸张区。伸张区的宽度随载荷的增加而增加,只有全面起裂时钝化区才达到饱和,此后随载荷的增加该区的宽度不变。该区域在扫描电镜下较平整、光亮,又称为白亮带(l^*),如图 7-6(b)所示。l^* 与断裂韧度存在直接关系,其宽度越大,裂纹起裂抗力越大,即韧性越好。经测量,试验钢随淬火温度增加,l^* 的值约分别为 3.2 μm、5.3 μm 和 9.7 μm,即依次增大,韧性也递增。

　　基于裂尖张开位移和白亮带分析,本研究通过两种方法对有效变形体积进行确定:一是根据裂纹的张开位移,即有效变形体积等于 2δ[式(7-2)];二是将图 7-6 中确定的白亮带 l^*

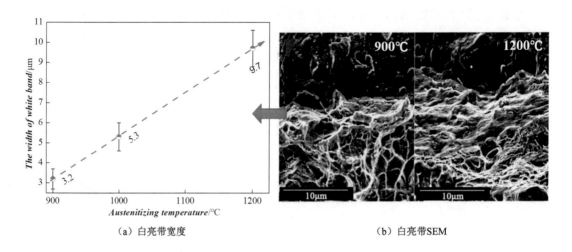

（a）白亮带宽度　　　　　　　　　（b）白亮带SEM

图 7-6　预制的疲劳裂纹尖端的钝化区（白亮带）

近似为裂尖的有效变形体积。结合表 3-2、表 4-3 的数据，试验钢的复合参量 D_i 计算结果如表 7-2 所示。

$$\delta = \frac{4K_{1C}^2}{\pi E \sigma_s}(1-2\nu)(1-\nu^2) = \frac{4J_{1C}}{\pi E \sigma_s}(1-2\nu) \tag{7-2}$$

表 7-2　20CrNi2Mo 不同工艺下的 D_i 值（一）

工艺	$2\delta/\mu m$	D_r^1	D_p^1	D_b^1	D_l^1	V_T	D_r^2	D_p^2	D_b^2	D_l^2
A1	62.2	0.188	0.095	0.022	0.004	3.2	3.66	1.86	0.43	0.087
A2	71.6	0.277	0.154	0.032	0.004	5.3	3.74	2.08	0.43	0.048
A3	82.0	1.345	0.397	0.063	0.003	9.7	11.37	3.36	0.53	0.025

注：表中 D_i^1 表示通过裂纹张开位移计算得到的有效变形体积时的复合参量；D_i^2 则是将裂尖白亮带作为有效变形体积时的复合参量。

由表 7-2 可知，当 2δ 作为有效变形体积时，1 200 ℃时粗晶状态下，$D_r^1>1$，此时原奥氏体晶粒对试验钢的断裂韧性一定不起作用。其他两种状态下，$D_r^1<1$，则原奥氏体晶粒对断裂韧性有一定的影响。同时，三种状态下，D_p^1、D_b^1 均小于 1，其与原奥氏体晶粒都属于大角度界面，对断裂韧度的影响体现为裂纹的萌生。但对断裂韧性起控制作用的是 D_l^1 最小的板条，通过裂纹的扩展已经证明；当以裂尖白亮带作为有效变形体积时，D_r^2、D_p^2 大于 1，即该层次组织对断裂韧度不起作用。D_b^2、D_l^2 均小于 1，而 D_l^2 较 D_b^2 小得多，则板条是断裂韧性的有效晶粒。该结果表明以交叉滑移形成的白亮带作为有效变形体积更具意义。

7.2.2.2　拉伸塑性

图 7-7 显示了应变控制的断裂拉伸过程中的宏观变化和微观机制。众所周知，塑性较好的材料拉伸过程中宏观上呈现明显的缩颈现象，而颈缩的微观机制为微孔的形成、长大及合并形成宏观裂纹。通过前面的拉伸曲线可计算，颈缩前因均匀变形试样的伸长约 1.5 mm（ϕ7 mm 的标准拉伸样），若以此为拉伸过程的有效变形体积，则远大于晶粒。但由

表 7-1 的拉伸数据可以看出,颈缩后的应变占总应变的 2/3,且单位体积的裂纹扩展功约占总静力韧度的 95%,该结果表明应变控制的断裂中颈缩后微孔的特征与有效变形体积密切相关。根据微孔聚集理论,微裂纹的形成源于微孔的合并,因此韧窝间距(X_0)可作为应变控制断裂的有效变形体积,如图 7-7 中的微观断口形貌所示。

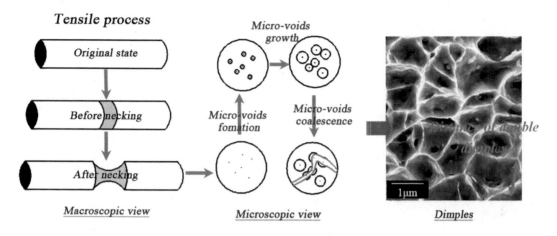

图 7-7　应变控制的断裂的拉伸过程及形成机制

本研究分别对三种工艺下拉伸断口的约 500 个韧窝进行定量分析,如图 7-8 所示,其结果显示韧窝间距随淬火温度升高递增,即粗晶状态塑性较好。此外,根据误差分析,粗晶韧窝分布不是很均匀。然后,将统计的 d_0 代入式(2-22),且结合表 3-2 的多层次组织对拉伸条件下的复合参量进行分析,如表 7-3 所示。就 20CrNi2Mo 低碳板条马氏体钢而言,不管粗晶还是细晶,有且只有 D_1 小于 1,其他三个层次组织的复合参量均大于 1,该结果表明在应变控制的断裂中,对于颈缩后的塑性变形过程,原奥氏体晶粒、束、块对塑形不起作用,而对塑性起控制作用的有效晶粒为马氏体板条。

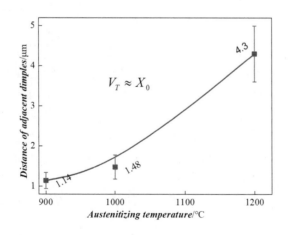

图 7-8　应变控制的断裂条件下不同工艺相邻韧窝间距

表 7-3   20CrNi2Mo 不同工艺下的 D_i 值（二）

工艺	V_T	D_r	D_p	D_b	D_l
A1	1.14	10.26	5.21	1.21	0.24
A2	1.48	13.38	7.44	1.55	0.17
A3	4.3	25.65	7.57	1.20	0.06

7.2.2.3　冲击过程

试验钢的冲击试验通过示波冲击完成,冲击试样的缺口直接通过线切割截取 2 mm 深度,缺口尖端曲率半径与钼丝直径相当,约为 $200~\mu m$。由图 7-9 可知,不同工艺下的冲击载荷-位移曲线变化趋势基本相似,呈间断的 Z 字形变化,且都属于塑性断裂模式。为了便于分析,将示波冲击的载荷-位移曲线分为三个区,即裂纹萌生区、稳态扩展区和快速扩展区:在冲击载荷作用下,缺口试样首先形成一定长度的裂纹(a_0),然后因塑性变形 a_0 长度的裂纹缓慢(稳定)扩展至临界裂纹长度(a_c),最终超过临界值后快速失稳。对比以上三种状态,粗晶状态下示波冲击的最大载荷明显高于细晶状态,且对应的位置右移,该结果反映了不同状态下冲击韧性的主要差异就在于裂纹稳定扩展区的大小。

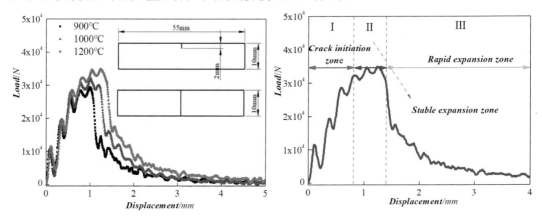

图 7-9   试验钢示波冲击结果

为了验证以上结果,本研究对冲击过程三个区域进行了微观断口形貌观察,如图 7-10所示。由图 7-10 可知,不管什么状态下,缺口根部即裂纹萌生区均存在明显的平坦区,平坦区宽度在晶粒粗化下有所增加;萌生区向稳定扩展区过渡的区域为细而浅的韧窝组成;稳定扩展区基本为等轴韧窝,其尺寸也随着晶粒的粗化而显著增加,其结果证实了前面的结果;随着裂纹扩至临界裂纹长度,进入快速扩展区,其微观断口形貌不再是等轴韧窝,而是呈现韧窝和解理的混合形貌,三种工艺下该区的差异不大。

试验钢三种工艺下冲击韧性的差异在裂纹的稳态扩展阶段,为了便于讨论复合参量模型在冲击过程中的应用,本研究将冲击裂纹稳定扩展阶段作为研究对象。显而易见,冲击稳定扩展区的微观形貌是韧窝,根据前述结论,将韧窝间距 d_0 作为有效变形体积。冲击过程中复合参量的计算结果如表 7-4 所示,该结果显示只有 D_l 小于 1,其他三个层次组织的复合参量均大于 1,表明在应变控制的断裂中,对于冲击的裂纹稳定扩展区,原奥氏体晶粒、束、块对塑形不起作用,而对塑性起控制作用的有效晶粒为马氏体板条。

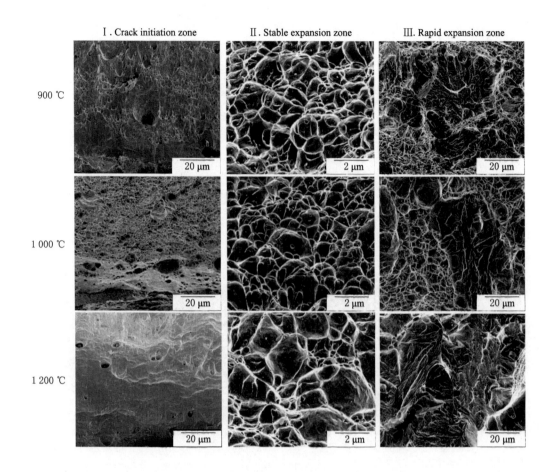

图 7-10　冲击过程三个区域的微观断口形貌

表 7-4　**20CrNi2Mo 不同工艺下的 D_i 值（三）**

工艺	V_T	D_r	D_p	D_b	D_l
A1	1.37	8.54	4.34	1.01	0.20
A2	1.66	11.93	6.63	1.38	0.15
A3	4.29	25.71	7.59	1.20	0.06

7.2.2.4　讨论

根据复合参量模型，在应变控制的断裂中，有效变形区 $n\delta$ 或 V_T（断裂韧性、拉伸及冲击）均随晶粒的粗化而增加，且马氏体多层次组织中板条宽 d_l 与 $n\delta$ 或 V_T 最小且小于 1，即 $D_l < 1$。该结果说明在低碳板条马氏体钢中，宏观韧塑性和细观韧塑性的有效控制单元相同，均为板条。此外，复合参量 D_i 为无量纲参量，其值越小，该层次组织对塑性变形的协调作用越强烈，且塑韧性越好。根据前面的分析，在 20CrNi2Mo 钢中，塑韧性的有效控制单元为板条，其尺寸随晶粒的粗化略有降低，但相差不大；有效变形体积随晶粒粗化而逐渐递增，也就是说随晶粒粗化 D_l 逐渐减小，其揭示了应变控制断裂中随晶粒粗化塑韧

性均增加,即宏观塑韧性与细观塑韧性变化趋势一致。反过来说,宏观塑韧性与细观塑韧性的控制单元相同,且 $D_i<1$,表明该断裂模式为应变控制的断裂,这就是复合参量模型的物理意义。

7.3 复合参量模型在应力控制的断裂中应用分析

本书以 52CrMoV4 中碳马氏体钢为研究对象,分别分析试验钢在拉伸、冲击、断裂韧性测试条件下的有效控制单元及断裂机制。

7.3.1 52CrMoV4 钢的力学性能及断裂分析

该试验钢分别经 850 ℃(B1)、950 ℃(B2)和 1 050 ℃(B3)油冷淬火,然后通过 450 ℃中温回火。图 7-11 显示该试验钢经 1 050 ℃+450 ℃回火的多层次微观结构,显然其亚结构也为条状马氏体多层次结构。

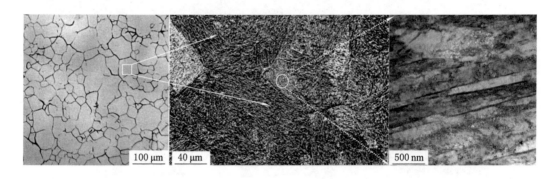

图 7-11　52CrMoV4 钢 1 050 ℃淬火+450 ℃回火的多层次微观结构

图 7-12 显示了试验钢的冲击、断裂韧性裂尖前沿的断口形貌,结果表明:850 ℃的微观断口形貌为韧窝,表现为应变控制的断裂。随着淬火温度的递增,其断裂模式逐渐转变为应力控制的断裂,其可能原因是淬火温度越高,过冷度越大,导致晶界应力越大。

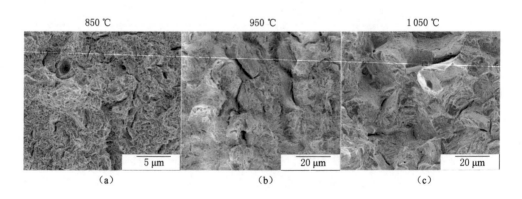

图 7-12　52CrMoV4 的拉伸、冲击和断裂韧性的断口形貌

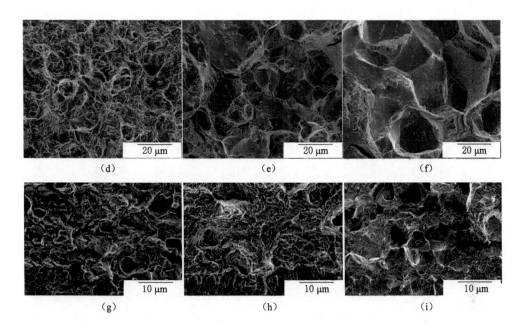

图 7-12 （续）

随后,我们对试验钢不同淬火工艺约 500 个原奥氏体晶粒、约 300 个束和约 200 个解理面(仅 1 050 ℃淬火工艺)进行定量分析,如表 7-5 所示。其中,d_{C1} 为断裂韧性裂尖前沿的解理面尺寸;d_{C2} 为冲击断口的解理面尺寸;d_{C3} 为拉伸断口的解理面尺寸。

表 7-5 不同工艺下 52CrMoV4 钢多层次组织及解理面特征

工艺	$d_r/\mu m$	$d_p/\mu m$	$d_{C1}/\mu m$	$d_{C2}/\mu m$	$d_{C3}/\mu m$
B1	11.42	4.77	Dimple	Dimple	Dimple
B2	54.31	15.86	Mixed	Mixed	Mixed
B3	107.12	52.86	51.95	64.06	54.75

注:Dimple 表示断口为韧窝,即韧断;Mixed 表示断口韧窝和解理都有,为混合断裂模式。

表 7-6 显示了试验钢的力学性能,其强度随晶粒的粗化略有增加,但延伸率、断面收缩率、断裂韧性和冲击韧性却随晶粒的粗化显著降低,与图 7-12 的断口特征对应。该结果说明,在 52CrMoV4 钢中,宏观塑韧性与细观塑韧性变化一致,均呈降低趋势,其与 20CrNi2Mo 钢的塑韧性变化趋势不同。在 20CrNi2Mo 钢中,不管粗晶还是细晶,断口形貌都是韧窝,即断裂模式相同,则通过 Hall-Petch 关系可以获得塑韧性的有效控制单元。然而,在 52CrMoV4 钢中,细晶状态表现为应变控制的断裂,粗晶为应力控制的断裂,二者的断裂模式明显不同,那么塑韧性的有效控制单元是否相同呢?

表 7-6 52CrMoV4 钢的力学性能

工艺	$R_{p0.2}$/MPa	R_{m}/MPa	Z/%	A/%	K_{1C}/ MPa·$m^{-1/2}$	A_{K}/J
B1	1 487	1 539	35.0	9.2	100.1	17.8
B2	1 498	1 573	23.4	5.7	85.8	12.3
B3	1 511	1 578	14.3	3.6	77.0	9.2

图 7-13 显示了 52CrMoV4 钢多层次组织与塑韧性的 Hall-Petch 关系,结果表明原奥氏体晶粒和马氏体束与试验钢的塑韧性均满足 Hall-Petch 关系,且根据表 7-5 中粗晶的解理面尺寸与马氏体束尺寸相当,可判断马氏体束是其宏观塑韧性与细观塑韧性的有效控制单元。然而,根据前面的分析,对于条状马氏体多层次结构,在应变控制的断裂中,马氏体板条对宏观塑韧性和微观塑韧性起控制作用,则 52CrMoV4 钢 850 ℃淬火的细晶粒状态表现出较好的塑韧性,即板条控制细晶的塑韧性。相反,52CrMoV4 钢经 1 050 ℃淬火的粗晶状态表现出明显脆断,即穿晶或沿晶,裂尖的塑性较小,而板条界面为小角度界面,此时对塑韧性起控制作用的不是马氏体板条,而是最小解理面尺寸。因此,52CrMoV4 钢中利用 Hall-Petch 关系获得的有效晶粒与断裂模式获得的有效晶粒不同,间接说明了在同一材料、同一组织状态下不同的断裂模式 Hall-Petch 关系不适用。

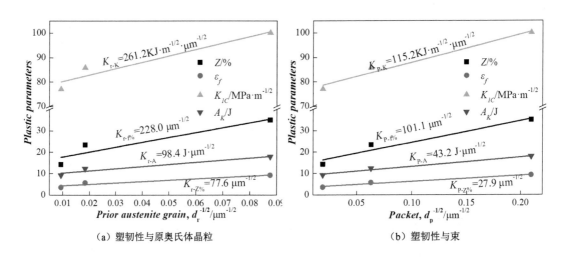

（a）塑韧性与原奥氏体晶粒　　　　（b）塑韧性与束

图 7-13　52CrMoV4 钢多层次组织与塑韧性的 Hall-Petch 关系

7.3.2　复合参量模型在应力控制断裂中的应用

为了进一步揭示应力控制的断裂的规律,这里也借用式(2-22)的复合参量模型进行讨论。同时,对于应力控制的断裂不同测试条件下的有效变形体积进行确定:断裂韧性测试中,通过式(7-2)进行计算;对于拉伸测试过程,颈缩变形几乎没有,则有效变形体积是整个试样均匀变形区的体积,即远大于原奥氏体晶粒尺寸;对于冲击过程,其与拉伸类似,有效变形体积为缺口根部的较大区域,也远大于原奥氏体晶粒尺寸。以 52CrMoV4 钢 1 050 ℃测试为例,对应变控制的断裂的有效变形体积及复合参量进行讨论,如表 7-7 所示。

表 7-7　52CrMoV4 钢 1 050 ℃粗晶状态下的 D_i 值

工艺	特性	$2\delta/V_T$	D_r	D_p	D_C
B3	断裂韧性	18.6	5.76	2.84	2.79
	冲击韧性	远大于 1	<1	<1	<1
	拉伸塑性	远大于 1	<1	<1	<1

根据表 7-7 的计算分析可知,在应力控制的断裂中,对于细观韧塑性,D_r、D_p 和 D_C 都是大于 1 的,该结果并没有说明原奥氏体晶粒、束等对断裂韧性不起控制作用,恰恰相反,原奥氏体晶粒、束等对断裂韧性影响很大。对于拉伸、冲击测试,D_r、D_p 和 D_C 均小于 1,也并不是因板条尺寸远小于原奥氏体晶粒及束尺寸,板条控制其宏观韧塑性。复合参量模型是在应变控制的断裂中提出的,其不能用于判断应力控制的断裂的有效晶粒,因为应力控制的断裂中,最小解理面为其有效控制单元,如果用 D_i 模型会得到细观塑韧性的 $D_C>1$,宏观塑韧性的 $D_C<1$,但二者的有效晶粒相同。综上所述,应力控制的断裂中,最小解理面为其塑韧性的有效晶粒,同时束尺寸与最小解理面尺寸相当,其也可近似为塑韧性的有效晶粒。由于细观塑韧性复合参量 $D_p>1$,则在应力控制的断裂中 D_i 没有清晰的物理含义,仅仅反映了应力控制断裂时 D_i 的特点。相反,某条状马氏体多层次结构材料中,若细观塑韧性的 $D_p>1$,宏观塑韧性的 $D_p<1$,且二者的有效晶粒相同,则该材料的断裂模式定为应力控制的断裂,且二者随晶粒粗化变化一致,均减小。

7.4　复合参量模型在混合断裂模式中应用分析

前面分别讨论了复合参量模型在应变控制的断裂和应力控制的断裂中的应用,其也揭示板条马氏体多层次结构钢中两种断裂模式的复合参量和塑韧性的有效控制单元的特点。应变控制的断裂的微观断口为韧窝,应力控制的断裂为解理面,二者的有效控制单元由两种形貌特征容易获得,其有效晶粒分别为板条和最小的解理面。然而,对于图 7-1、图 7-2 等提到的混合断裂模式,其断裂规律和有效控制单元将如何呢?本书以 30CrMnSiA 钢为例对此进行讨论。

7.4.1　30CrMnSiA 钢的力学性能及微观组织

30CrMnSiA 钢在 1 200 ℃淬火后,再分别经 880 ℃循环淬火 0 次(C3)、1 次(C2)和 3 次(C1),最后经 200 ℃回火处理。利用 OM、SEM、EBSD 和 TEM 分别对试验钢的多层次组织进行了观察,如图 7-14 所示。随 880 ℃循环次数的增加,其晶粒明显细化。为了定量分析各多层次组织,本研究分别对 500 个晶粒、300 个束、300 个块及 150 个板条进行了统计,如表 7-8 所示。随着原奥氏体晶粒的粗化,马氏体束尺寸、块宽随之增加,而板条尺寸却略有降低,其与 20CrNi2Mo 低碳钢的组织特征差不多。

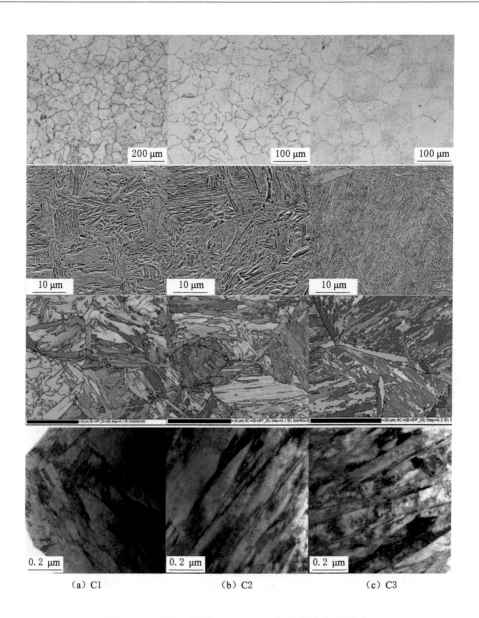

图 7-14   不同工艺下 30CrMnSiA 钢多层次组织观察

表 7-8   不同工艺下 30CrMnSiA 钢多层次组织的特征

工艺	$d_r/\mu m$	$d_p/\mu m$	$d_b/\mu m$	$d_l/\mu m$
C1	14	6.8	1.16	0.202
C2	38	9	1.5	0.198
C3	97	30	2.2	0.185

随后,分别对 30CrMnSiA 钢不同组织状态下的拉伸、冲击及断裂韧性进行了测试,如表 7-9 所示。虽然 30CrMnSiA 钢的组织特征与 20CrNi2Mo 低碳钢的组织特征相似,但塑韧性的变化规律却存在较大差异。试验钢断裂韧性随晶粒的粗化呈现增加趋势,增幅为

51.6％,而延伸率、断面收缩率和冲击韧性却显著降低,分别降低了 39.7％、44.9％ 和 40.3％,即宏观韧塑性和细观韧塑性呈现相反的变化规律。为了解释这一现象,这里分别对 30CrMnSiA 钢拉伸(S_1)、冲击(S_2)及断裂韧性裂纹前沿(S_3)的微观断口形貌进行了分析,如图 7-15 所示。由 S_1 可知,30CrMnSiA 钢 C1 状态的微观断口形貌为韧窝,表现出典型的应变控制的断裂;随着晶粒的粗化,沿晶撕脱的特征逐渐出现(C2 状态);当达到 C3 状态时,其为典型的沿晶界撕脱特征,其断裂模式的变化,揭示了拉伸塑性逐渐降低;对于冲击韧性,根据 S_2,与拉伸塑性一样,C1 状态的微观断口形貌为韧窝,且随着晶粒的粗化,其断口形貌变成了准解理,因此冲击韧性也随着晶粒的粗化而逐渐降低。然而,对于断裂韧性,其断口形貌均为韧窝,且随着晶粒的粗化,韧窝的尺寸也逐渐增加,反映了 30CrMnSiA 钢细观韧性随晶粒粗化逐渐递增。

表 7-9　30CrMnSiA 钢组织及力学性能

工艺	$R_{p0.2}$/MPa	R_m/MPa	Z/%	A/%	K_{1C}/MPa·m$^{-1/2}$	A_K/J
C1	1 608	1 900	54.8	7.28	64	75.0
C2	1 584	1 891	46.3	6.41	81	56.8
C3	1 487	1 834	30.2	4.39	99	44.8

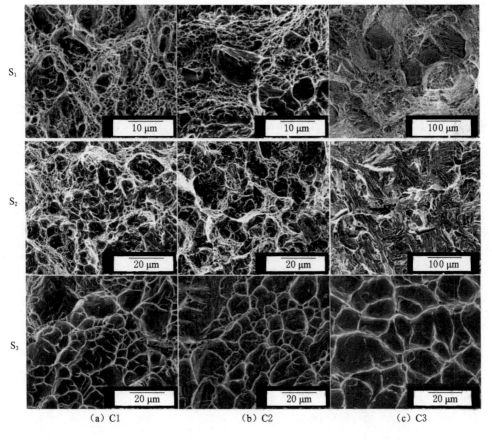

(a) C1　　　　　(b) C2　　　　　(c) C3

图 7-15　30CrMnSiA 钢拉伸(S_1)、冲击(S_2)及断裂韧性裂纹前沿(S_3)的微观断口形貌

根据前面分析和讨论,对于宏观韧塑性,随着晶粒的粗化,由于断裂模式发生变化,则塑韧性的有效控制单元也发生变化,且 Hall-Petch 关系不适用。同时,因 30CrMnSiA 钢在细晶状态表现为应变控制的断裂,其有效控制单元为马氏体板条,但在粗晶条件下,试验钢表现出沿晶界或束界的低能撕脱特征,则原奥氏体晶粒或马氏体束将成为宏观韧塑性的有效晶粒;对于细观韧塑性,不管是粗晶还是细晶,均为应变控制的断裂,则其有效控制单元与细晶时宏观韧塑性一样,均为马氏体板条。

7.4.2 复合参量模型在混合断裂中的应用

为了进一步揭示混合断裂的变化规律,这里也利用式(2-32)的复合参量模型进行讨论。同时,也不同测试条件下的有效变形体积进行定义:断裂韧性测试中,通过式(7-2)进行计算;对于拉伸测试过程,颈缩变形几乎没有,则有效变形体积是整个试样界面,即远大于原奥氏体晶粒尺寸;对于冲击过程,其与拉伸类似,有效变形体积为缺口根部的较大区域,也远大于原奥氏体晶粒尺寸。以 30CrMnSiA 钢 C₃ 状态为例,对应变控制的断裂的有效变形体积及复合参量进行讨论,如表 7-10 所示。

表 7-10 30CrMnSiA 钢 C3 状态下的 D_i 值

工艺	特性	$2\delta/V_T$	D_r	D_p	D_b	D_l
C3	断裂韧性	30.8	3.15	0.97	0.07	0.006
	冲击韧性	远大于1	<1	<1	<1	<1
	拉伸塑性	远大于1	<1	<1	<1	<1

根据表 7-10 的计算结果,在混合断裂模式中,对于细观韧塑性,因为断裂模式为应变控制的断裂,其遵守复合参量模型 D_i 的变化规律,$D_r>1$,D_p接近 1,其肯定对 30CrMnSiA 钢的细观韧塑性不起控制作用;D_b、D_l小于 1,揭示了二者对细观韧塑性有影响,且由于 D_l 最小,进而揭示 30CrMnSiA 钢马氏体板条是其细观韧塑性的有效控制单元。对于拉伸、冲击测试,D_r、D_p、D_b、D_l均小于 1,也并不是因板条尺寸远小于原奥氏体晶粒及束尺寸,板条控制其宏观韧塑性,根据图 7-15 的断口形貌特征,裂纹沿晶界和束界低能撕脱,板条对塑性变形的协调根本不起作用。同样,30CrMnSiA 钢粗晶状态下的宏观韧塑性的断裂模式并非应变控制的断裂,则复合参量模型不能用于判断混合断裂模式中宏观韧塑性的有效晶粒,但同样反映混合断裂的变化规律,即在混合断裂模式中,不管是宏观韧塑性还是细观韧塑性,其复合参量 D_i 均小于 1,但是二者的有效控制单元不同:宏观韧塑性的有效控制单元为原奥氏体晶粒或马氏体束,而细观塑韧性为马氏体板条。相反,若条状马氏体结构钢复合参量 D_r、D_p、D_b、D_l均小于 1,且宏观韧塑性还是细观韧塑性的有效晶粒不同,则其表现为混合断裂模式。

参 考 文 献

[1] KRAUSS G. Martensite in steel:strength and structure[J]. Materials science and engineering:A,1999,273/274/275:40-57.

[2] KAIJALAINEN A J, SUIKKANEN P P, LIMNELL T J, et al. Effect of austenite grain structure on the strength and toughness of direct-quenched martensite[J]. Journal of alloys and compounds, 2013, 577: S642-S648.

[3] ROBERTS M J. Effect of transformation substructure on the strength and toughness of Fe-Mn alloys[J]. Metallurgical transactions, 1970, 1(12): 3287-3294.

[4] SHI K, HOU H, CHEN J B, et al. Effect of bainitic packet size distribution on impact toughness and its scattering in the ductile-brittle transition temperature region of Q&T Mn-Ni-Mo bainitic steels[J]. Steel research international, 2016, 87(2): 165-172.

[5] TOMITA Y, OKABAYASHI K. Effect of microstructure on strength and toughness of heat-treated low alloy structural steels[J]. Metallurgical transactions A, 1986, 17(7): 1203-1209.

[6] LI S C, ZHU G M, KANG Y L. Effect of substructure on mechanical properties and fracture behavior of lath martensite in 0.1C-1.1Si-1.7Mn steel[J]. Journal of alloys and compounds, 2016, 675: 104-115.

[7] ZHANG C Y, WANG Q F, REN J X, et al. Effect of martensitic morphology on mechanical properties of an as-quenched and tempered 25CrMo48V steel[J]. Materials science and engineering: A, 2012, 534: 339-346.

[8] LUO Z J, SHEN J C, HANG S U, et al. Effect of substructure on strength and toughness of lath martensite-bainite microstructure in a 10CrNi5MoV steel[J]. Transactions of materials and heat treatment, 2010(11): 63-69.

[9] MORITO S, YOSHIDA H, MAKI T, et al. Effect of block size on the strength of lath martensite in low carbon steels[J]. Materials science and engineering: A, 2006, 438/439/440: 237-240.

[10] LUO Z J, SHEN J C, SU H, et al. Effect of substructure on toughness of lath martensite/bainite mixed structure in low-carbon steels[J]. Journal of iron and steel research, international, 2010, 17(11): 40-48.

[11] WANG C F, WANG M Q, SHI J, et al. Effect of microstructural refinement on the toughness of low carbon martensitic steel[J]. Scripta materialia, 2008, 58(6): 492-495.

[12] LONG S L, LIANG Y L, JIANG Y, et al. Effect of quenching temperature on martensite multi-level microstructures and properties of strength and toughness in 20CrNi$_2$Mo steel[J]. Materials science and engineering: A, 2016, 676: 38-47.

[13] LIANG Y, LONG S, XU P, et al. The important role of martensite laths to fracture toughness for the ductile fracture controlled by the strain in EA4T axle steel[J]. Materials science and engineering: A, 2017, 695: 154-164.

[14] ZACKAY V F, PARKER E R, GOOLSBY R D, et al. Untempered ultra-high strength steels of high fracture toughness[J]. Nature physical science, 1972, 236(68): 108-109.

[15] LAI G Y, WOOD W E, CLARK R A, et al. The effect of austenitizing temperature on

the microstructure and mechanical properties of as-quenched 4340 steel[J]. Metallurgical and materials transactions B,1974,5(7):1663-1670.

[16] RITCHIE R O,FRANCIS B,SERVER W L. Evaluation of toughness in AISI 4340 alloy steel austenitized at low and high temperatures[J]. Metallurgical and materials transactions A,1976,7(6):831-838.

[17] RITCHIE R O, HORN R M. Further considerations on the inconsistency in toughness evaluation of AISI 4340 steel austenitized at increasing temperatures[J]. Metallurgical transactions A,1978,9(3):331-341.

[18] 周科朝,黄伯云,曲选辉,等. TiAl 基金属间化合物的显微组织与断裂韧性[J]. 中国有色金属学报,1996,6(3):111-114.

[19] CAO R,CHEN J H,ZHANG J,et al. Relationship between tensile properties and fracture toughness in room temperature of γ-tial alloys[J]. Materials for mechanical engineering,2005(5):639-652.

[20] RITCHIE R O,KNOTT J F,RICE J R. On the relationship between critical tensile stress and fracture toughness in mild steel[J]. Journal of the mechanics and physics of solids,1973,21(6):395-410.

[21] 梁益龙,雷旻,钟蜀辉,等. 板条马氏体钢的断裂韧性与缺口韧性、拉伸塑性的关系[J]. 金属学报,1998,34(9):950-958.

[22] 邹章雄,项金钟,许思勇. Hall-Petch 关系的理论推导及其适用范围讨论[J]. 物理测试,2012,30(6):13-17.

[23] KATO M. Hall-Petch relationship and dislocation model for deformation of ultrafine-grained and nanocrystalline metals[J]. Materials transactions,2014,55(1):19-24.

[24] 方洪渊. 焊接结构学[M]. 北京:机械工业出版社,2008.

[25] 徐平伟,梁益龙,黄朝文. 奥氏体晶粒对 52CrMoV4 弹簧钢强韧性的影响[J]. 材料热处理学报,2012,33(1):89-93.